Marco Bettner

Lernkontrollen Mathematik

1. und 2. Schuljahr

Persen Verlag GmbH

Der Autor: Marco Bettner

Rektor als Ausbildungsleiter für die Fächer Mathematik und Informatik am Studienseminar für Grund-, Haupt-, Real- und Förderschulen in Friedberg und Lehrer an der Haupt- und Realschule in Nidda; Lehrbeauftragter am Institut für Mathematikdidaktik der Justus-Liebig-Universität Giessen und Referent der Lehrerfortbildung

Im Persen Verlag bereits erschienen:

- Flächen- und Umfangsberechnungen – Figuren in der Ebene (Best.-Nr. 2499)
- Mathematik im Alltag (Best.-Nr. 3916)
- Lernzielkontrollen Mathematik – 5.–10. Schuljahr (Best.-Nr. 3917)
- Winkel – 5.–9. Schuljahr (Best.-Nr. 3661)
- Terme und Gleichungen (Best.-Nr. 3995)
- Training Abschlussprüfung Hauptschule (Best.-Nr. 3662)
- Training Abschlussprüfung Realschule (Best.-Nr. 3663)
- Formelsammlung für die Haupt- und Realschule (Mathematik, Chemie, Physik) (Best.-Nr. 3008)

Gedruckt auf umweltbewusst gefertigtem, chlorfrei gebleichtem und alterungsbeständigem Papier.

2. Auflage 2007

Illustrationen: Andreas Hennecke, Georg Wieborg
Satz: media.design, Neumünster

ISBN 978-3-8344-**3667**-2

www.persen.de

Inhalt

Vorwort 4

Klasse 1

Einführung der Zahlen

1 Die Zahlen bis 10 (I) 5
2 Die Zahlen bis 10 (II) 6
3 Die Zahlen bis 20 (I) 7
4 Die Zahlen bis 20 (II) 8
5 Die Zahlen bis 20 (III) 9

Addition

6 Addition bis 10 (I) 10
7 Addition bis 10 (II) 11
8 Addition bis 10 (III) 12
9 Addition bis 20 (I) 13
10 Addition bis 20 (II) 14
11 Addition bis 20 (III) 15

Subtraktion

12 Subtraktion bis 10 (I) 16
13 Subtraktion bis 10 (II) 17
14 Subtraktion bis 10 (III) 18
15 Subtraktion bis 20 (I) 19
16 Subtraktion bis 20 (II) 20

Vermischte Übungen zur Addition und Subtraktion

17 Addition und Subtraktion bis 20 (I) 21
18 Addition und Subtraktion bis 20 (II) 22
19 Addition und Subtraktion bis 20 (III) 23

Größen

20 Die Zeit (I) 24
21 Die Zeit (II) 25
22 Geld (I) 26
23 Geld (II) 27

Sonstiges

24 Figuren 28

Klasse 2

Einführung der Zahlen bis 100

25 Die Zahlen bis 100 (I) 29
26 Die Zahlen bis 100 (II) 30
27 Die Zahlen bis 100 (III) 31
28 Die Zahlen bis 100 (IV) 32

Addition und Subtraktion bis 100

29 Einstellige Zahlen ohne Zehnerübergang 33
30 Zehnerzahlen 34
31 Einstellige Zahlen mit Zehnerübergang 35
32 Vermischte Übungen 36
33 Zweistellige Zahlen ohne Zehnerübergang (I) 37
34 Zweistellige Zahlen ohne Zehnerübergang (II) 38
35 Zweistellige Zahlen ohne Zehnerübergang (III) 39
36 Zweistellige Zahlen mit Zehnerübergang (I) 40
37 Zweistellige Zahlen mit Zehnerübergang (II) 41
38 Zweistellige Zahlen mit Zehnerübergang (III) 42

Multiplikation

39 Einführung in die Multiplikation 43
40 Multiplikation mit 2, 4 und 8 (I) 44
41 Multiplikation mit 2, 4 und 8 (II) 45
42 Multiplikation mit 5 und 10 46
43 Multiplikation mit 3, 6 und 9 (I) 47
44 Multiplikation mit 3, 6 und 9 (II) 48
45 Multiplikation mit 7 49
46 Vermischte Übungen zur Multiplikation 50

Größen

47 Monate, Tage, Wochen (I) 51
48 Monate, Tage, Wochen (II) 52
49 Uhrzeit (I) 53
50 Uhrzeit (II) 54
51 Längen (I) 55
52 Längen (II) 56
53 Geld (I) 57
54 Geld (II) 58

Division

55 Division (I) 59
56 Division (II) 60
57 Division (III) 61
58 Division (IV) 62

Lösungen 63

Vorwort

Die vorliegende Veröffentlichung bietet zahlreiche Lernkontrollen zu allen wesentlichen mathematischen Themen des 1. und 2. Schuljahres.
Die Arbeitsblätter können unter anderem als Lernkontrolle, als Mathematiktest oder als Material für Vertretungsstunden eingesetzt werden. Zusätzlich kann die Publikation auch als Übungs- bzw. Wiederholungsmaterial zu den jeweiligen Themen und/oder als Vorbereitung für den nächsten Mathematiktest benutzt werden.
Der wesentliche Nutzen wird vor allem in der diagnostischen Auswertung für Lehrerinnen und Lehrer sowie für Eltern liegen: Was haben die Schülerinnen und Schüler vom vorher behandelten Stoff behalten? Wer braucht noch Hilfe? Wo besteht Förderungsbedarf?
Diese Fragen können durch den Einsatz der Kontrollen schnell beantwortet werden. Es können genaue Defizite oder Kompetenzen bei einzelnen mathematischen Themen lokalisiert und benannt werden. Entsprechende Hilfsmaßnahmen können daraufhin gezielt konzipiert und als Fördermaterial eingesetzt werden.
Aber auch die Schülerinnen und Schüler erhalten eine Rückmeldung über ihr Wissen.

Mithilfe der Lösungsseiten können die Schülerergebnisse rasch durchgeschaut und zügig korrigiert werden. Durch die Übersichtlichkeit der Seiten, bietet sich aber auch den Schülerinnen und Schülern eine Möglichkeit zur Selbstkontrolle.
Bei den Lösungsseiten ist zu beachten, dass manche Lösungen beispielhaft sind und mehrere Lösungen möglich sind. Diese Aufgaben sind in den Lösungen mit einem Sternchen (*) gekennzeichnet.

In der gesamten Veröffentlichung arbeiten die Schülerinnen und Schüler sowohl auf der ikonischen (bildlichen bzw. zeichnerischen) als auch auf der symbolischen Ebene. Es werden verschiedene Qualitätsstufen angeboten, die den unterschiedlichen Schülerkompetenzen gerecht werden.
Der Zahlenraum bis 20, Addition, Subtraktion und Größen sind die wesentlichen Bestandteile der Lernkontrollen im ersten Schuljahr. Der Zahlenraum bis 100, die Addition und Subtraktion, die Multiplikation, die Division und die Größen finden sich in der zweiten Klasse wieder.

Marco Bettner

1	Die Zahlen bis 10 (I)
	Name:

① **Trage die Zahlen ein!**

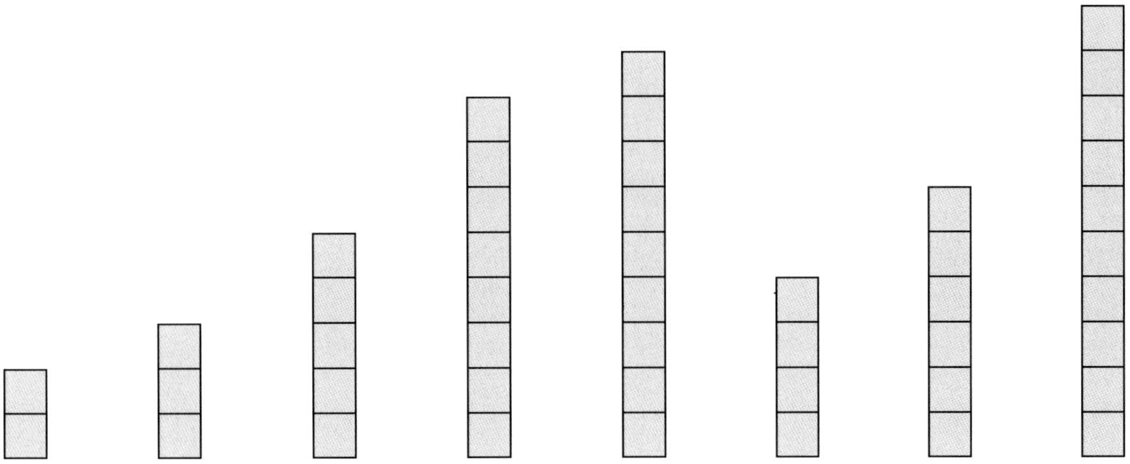

2							

② **Verbinde mit der richtigen Zahl!**

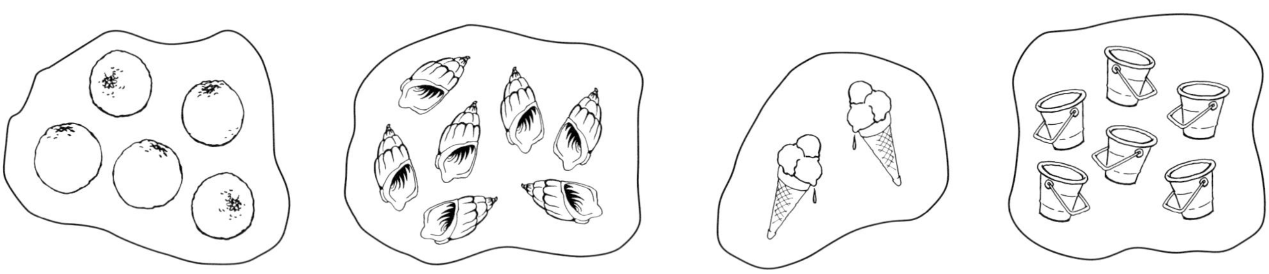

2	5	7	6

③ **Finde die Nachbarzahlen!**

4	5	6

	2	

		4

		2

	9	

	6	

3		

②	Die Zahlen bis 10 (II)
	Name:

① **Male aus!**

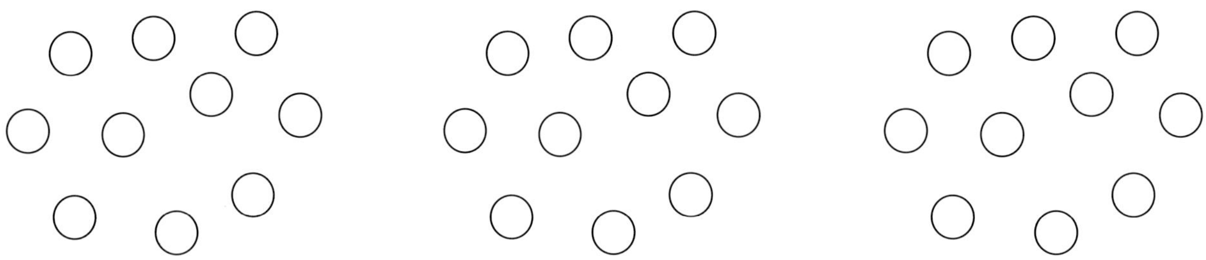

3 | 7 | 9

② **Wie geht es weiter?**

1 , 2 , 3 , ____, ____, ____, ____, ____, ____, ____

10 , 9 , 8 , ____, ____, ____, ____, ____, ____, ____

2 , 4 , 6 , ____, ____

③ **Schreibe die Zahlen!**

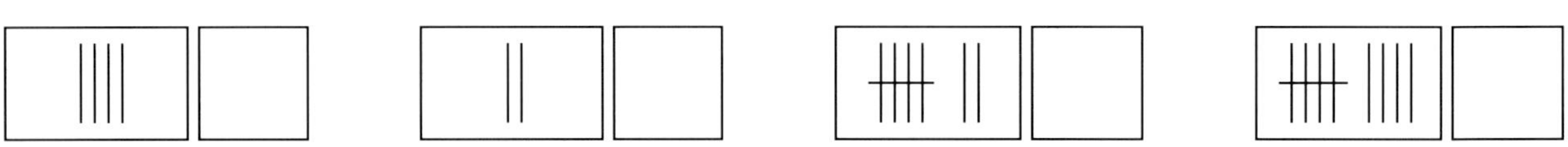

④ **Wie viele sind es zusammen?**

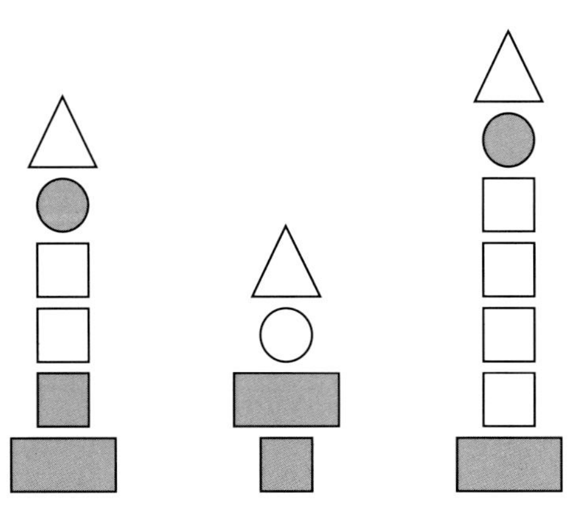

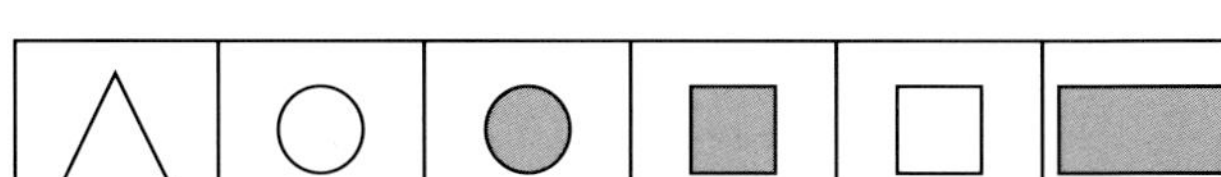

3					

3	Die Zahlen bis 20 (I)
	Name:

① **Wie viele? Bündle immer 5!**

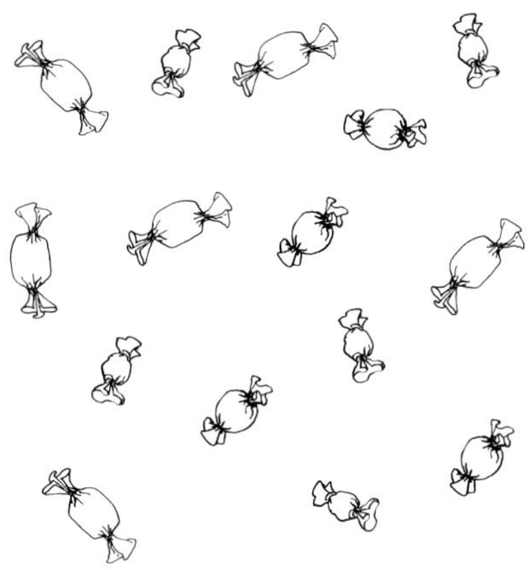

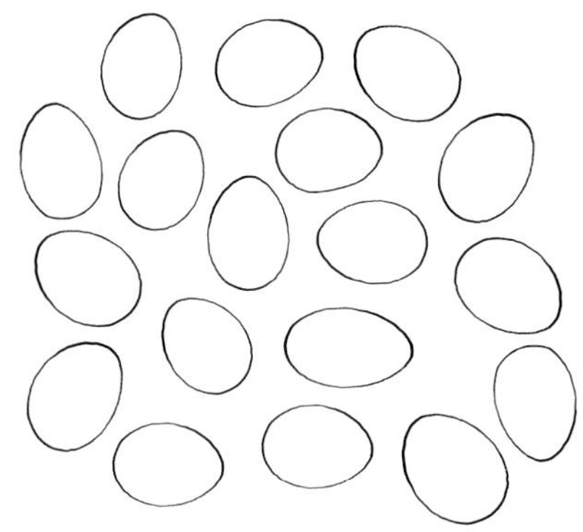

☐ ☐ ☐

② **Finde die Nachbarzahlen!**

	15	

	19	

		11

③ **Schreibe weiter!**

14 , 15 , 16 , ____, ____, ____, ____

19 , 18 , 17 , ____, ____, ____, ____, ____, ____, ____, ____, ____

8 , 10 , 12 , ____, ____, ____, ____

13 , 11 , 9 , ____, ____, ____, ____

④ **Berechne!**

a) 15 = 10 + 5 b) 14 = 10 + ____ c) 18 = 10 + ____

17 = ____ + 7 11 = 10 + ____ 20 = ____ + 10

4	**Die Zahlen bis 20 (II)**
	Name:

① **Male die Anzahl von beliebigen Gegenständen.**

11	20	17

② **Schreibe eine passende Zahl oder ein Zeichen (<, > oder =).**

a)				b)				c)			
	5	___	12		14	___	11		19	___	0
	13	>	___		18	=	___		15	<	___
	20	___	10		17	<	___		20	___	21

③ **Beschrifte die leeren Stellen!**

	1	2			5			8		**10**	11		13			16				**20**

④ **Schreibe die Plusaufgabe und rechne!**

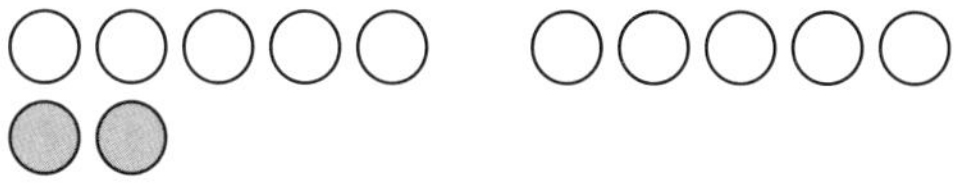

10 + ☐ = ☐

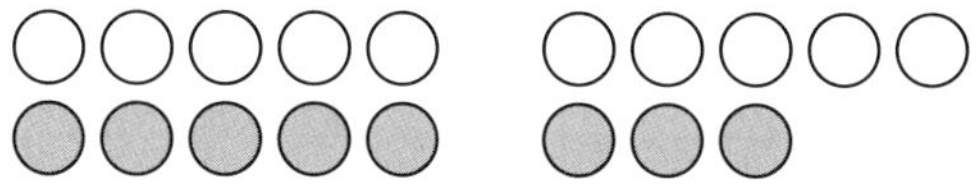

☐ + ☐ = ☐

5

Die Zahlen bis 20 (III)

Name:

① **Wie viele Autos sind es? Bündle immer 10!**

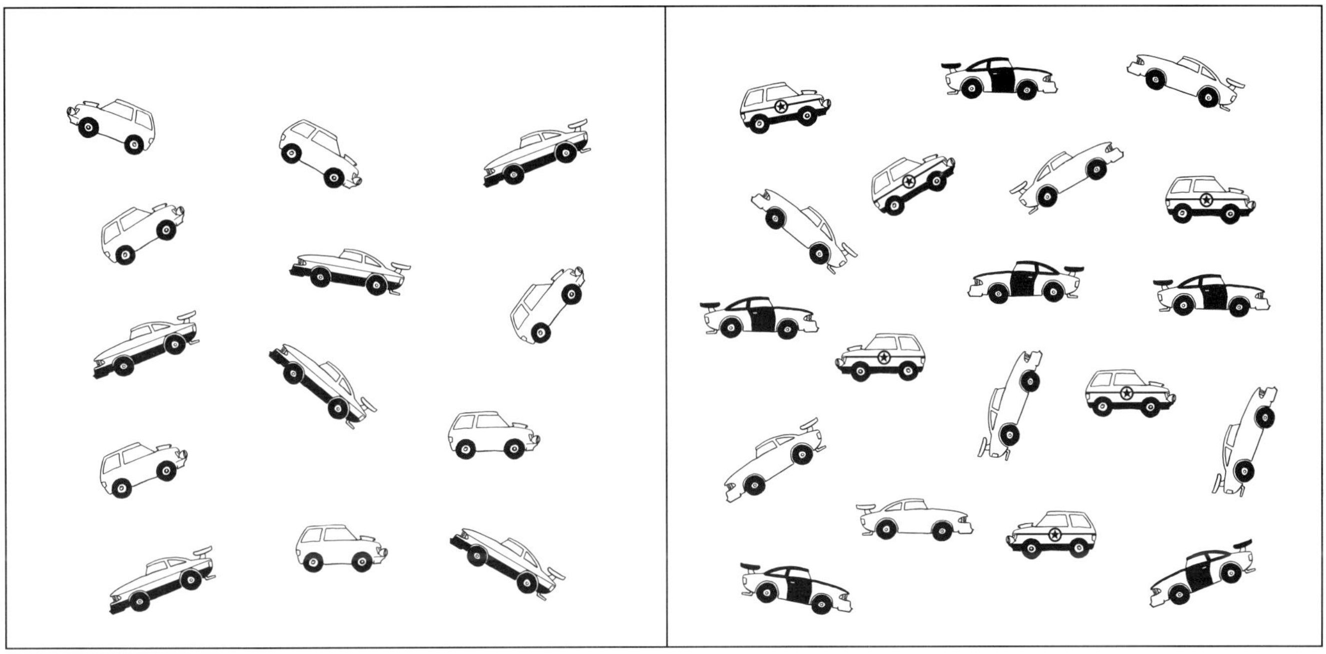

Z	E

Z	E

② **Verbinde die Zahlen der Reihe nach!**

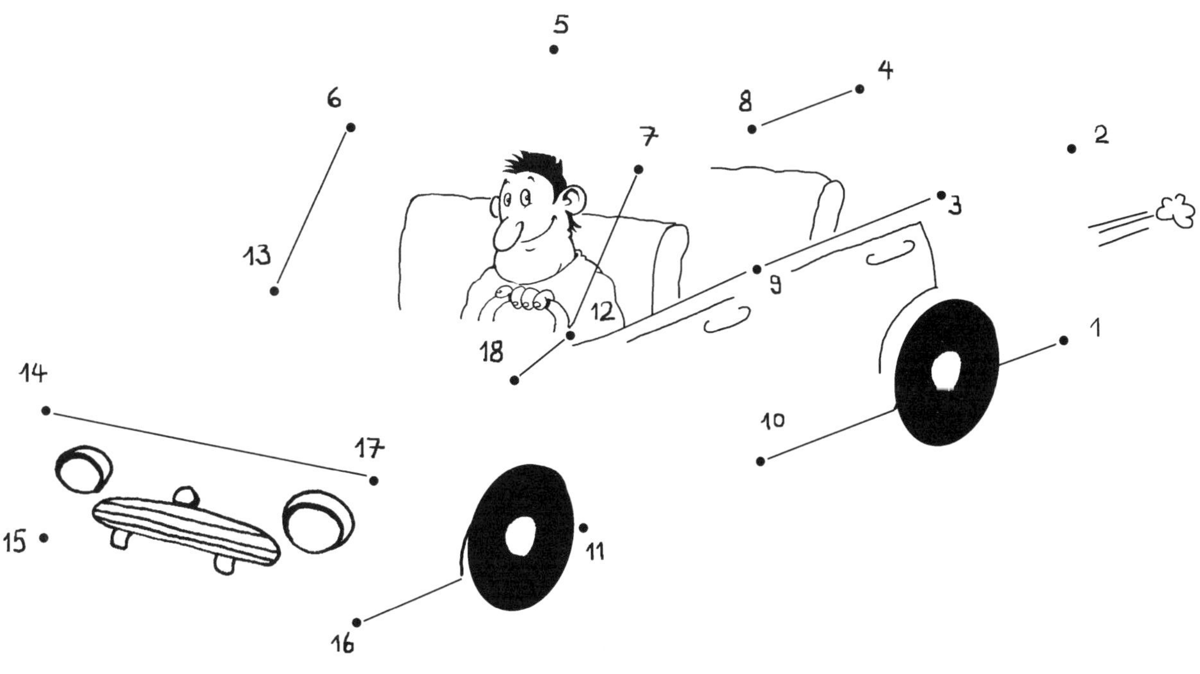

6	Addition bis 10 (I)
	Name:

① **Schreibe die Zahlen.**

5

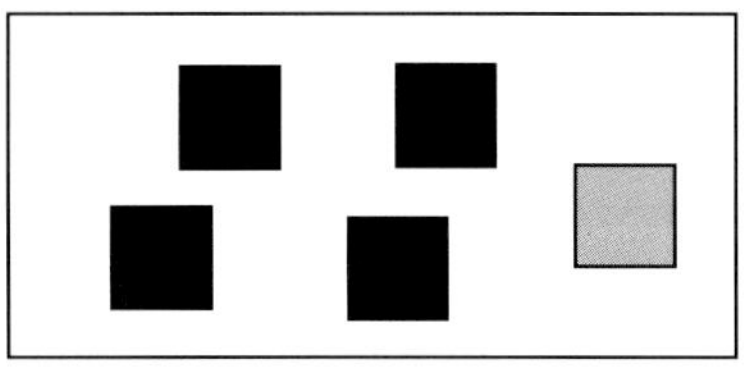

4 + ☐

☐

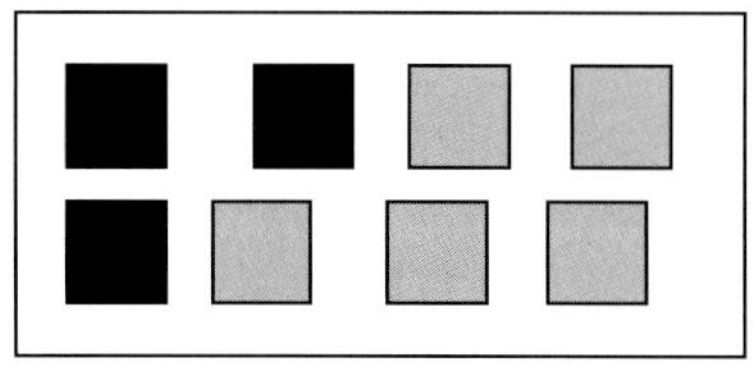

☐ + ☐

☐

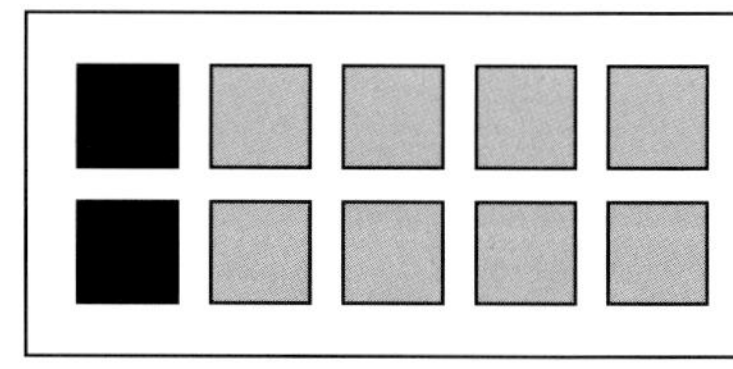

☐ + ☐

② **Schreibe die Aufgabe und rechne.**

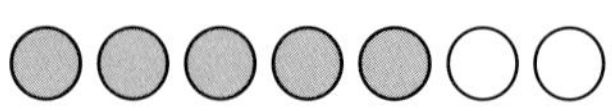

☐ + ☐ = ☐

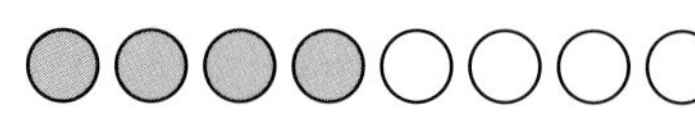

☐ + ☐ = ☐

③ **Verbinde mit dem richtigen Ergebnis.**

4 + 2	3 + 4	6 + 2	2 + 3

7	5	6	8

④ **Fülle die Pyramiden aus!**

Pyramide 1 (+): ☐ / 4 | 3

Pyramide 2 (+): ☐ / 3 | 7

7

Addition bis 10 (II)

Name:

① **Schreibe zu jedem Bild eine Plusaufgabe.**

② **Berechne!**

5	
4	
2	
3	
5	
	1

8	
7	
	6
1	
	5
	4

10	
	6
8	
10	
	3
5	

③ **Immer 8!**

a) 6 + 1 + ☐

☐ + ☐ + ☐

b) 4 + ☐ + ☐

☐ + ☐ + ☐

8

Addition bis 10 (III)

Name:

① **Schreibe die Aufgabe und berechne.**

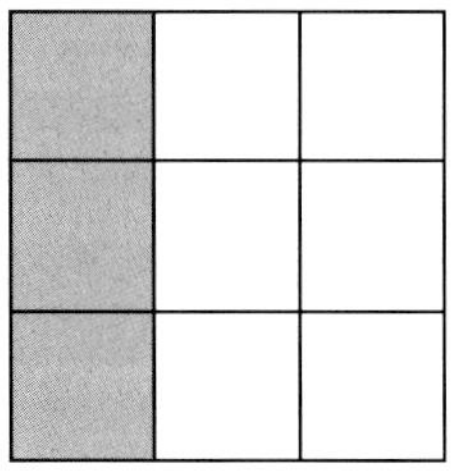

___ + ___ = ___

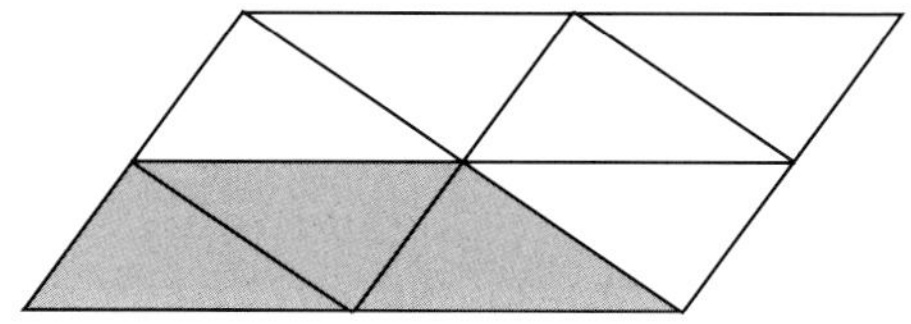

___ + ___ = ___

② **Male mit zwei Farben an und schreibe die Aufgabe.**

3 + ___ = ___

___ + 3 = ___

③ **Berechne!**

a) 5 + 2 = ___
2 + 2 = ___
3 + 5 = ___
8 + 1 = ___

b) 4 + 3 = ___
9 + 1 = ___
6 + 2 = ___
4 + 2 = ___

c) 6 + 4 = ___
3 + ___ = 5
___ + 2 = 6
4 + ___ = 9

④ **Fülle die Pyramiden aus.**

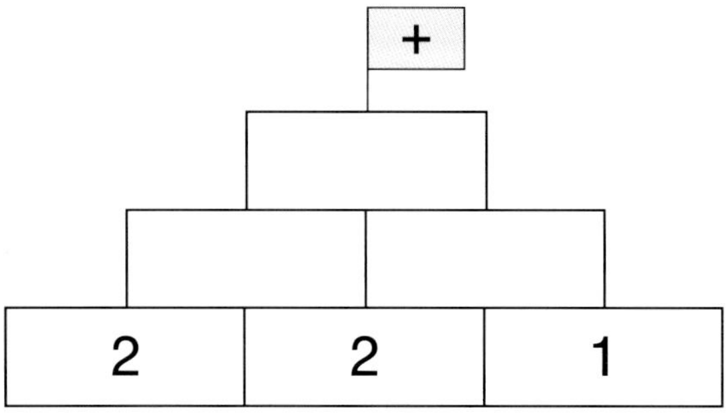

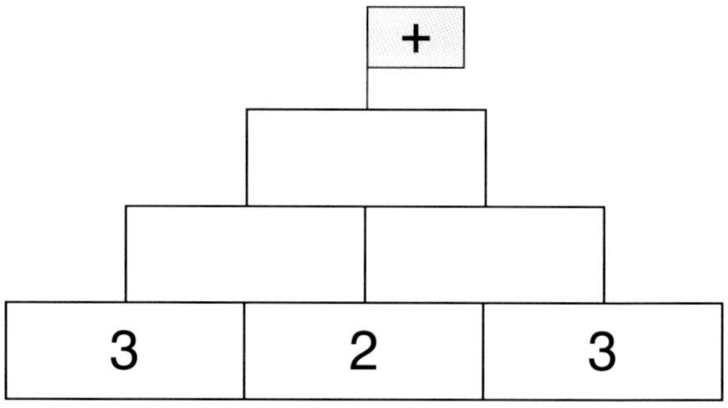

9	Addition bis 20 (I)
	Name:

① **Male mit zwei Farben an und berechne!**

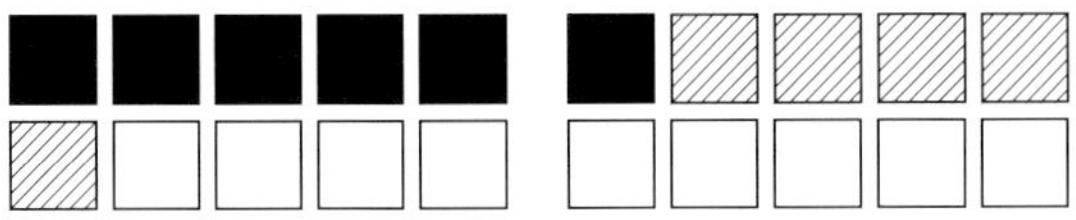

6 + 5 = ____

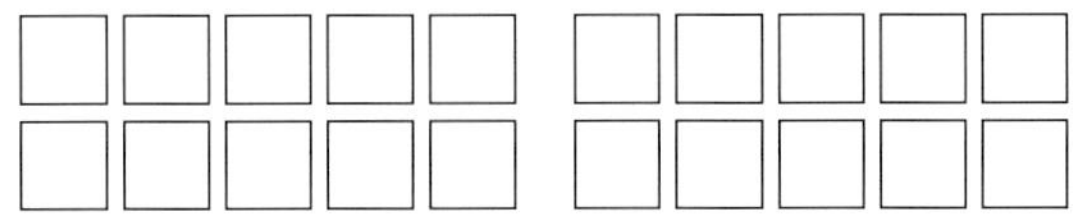

7 + 6 = ____

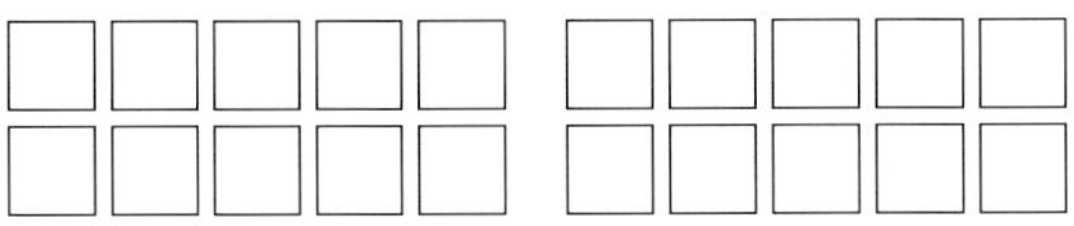

11 + 3 = ____

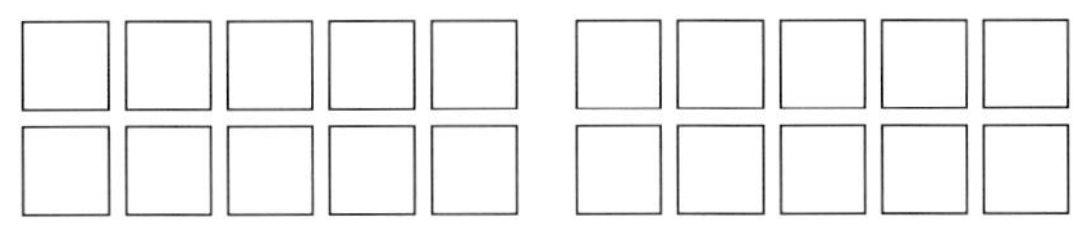

5 + 14 = ____

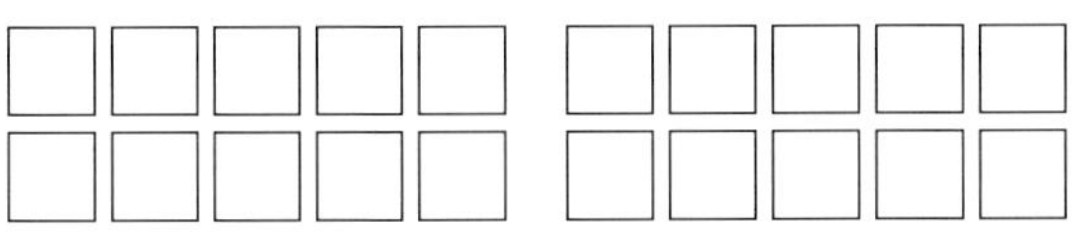

8 + 11 = ____

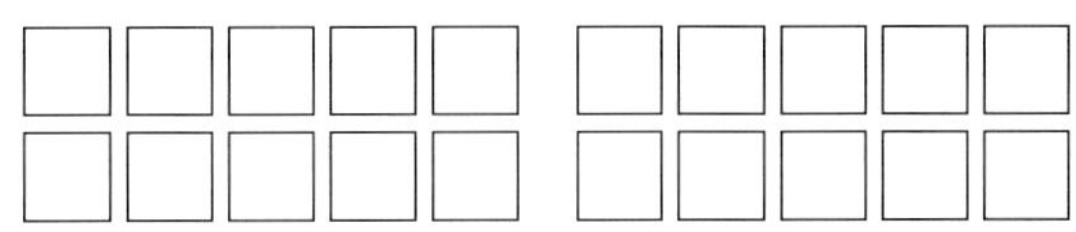

13 + 7 = ____

② **Berechne!**

13	
10	3
12	
7	
13	
	8

20	
12	
10	
	3
	6
9	

17	
14	
11	
	8
0	
	10

11	
8	
	5
5	
	2
4	

10

Addition bis 20 (II)

Name:

① Zeichne Pfeile und rechne!

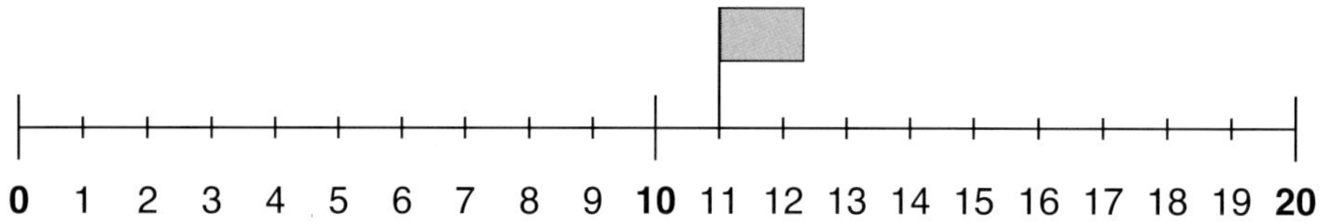

11 + 6 = ☐

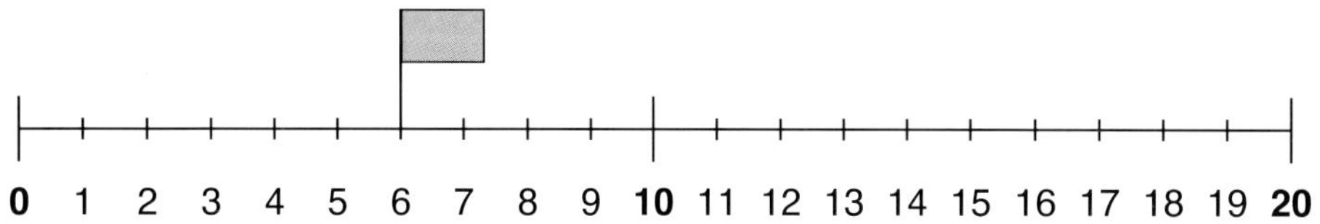

☐ + 5 = ☐

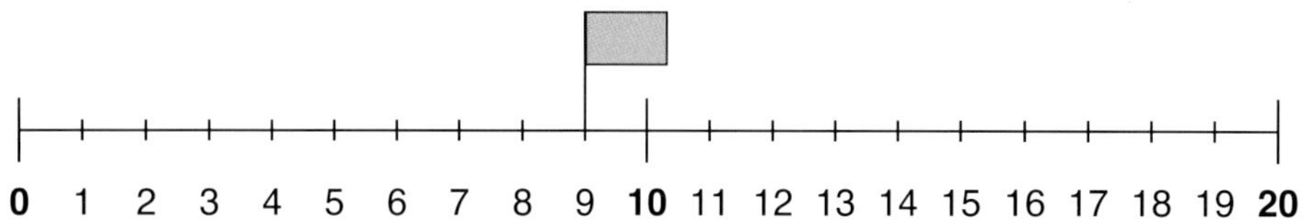

☐ + 11 = ☐

② Berechne!

a)	b)	c)
12 + 3 = ____	6 + 7 = ____	4 + 11 = ____
14 + 5 = ____	10 + 10 = ____	19 + 0 = ____
13 + 7 = ____	4 + 8 = ____	9 + 12 = ____

③ Immer 20!

a)	b)
8 + 7 + 5	7 + 7 + ☐
6 + 1 + ☐	☐ + 4 + ☐
☐ + ☐ + 5	2 + ☐ + ☐

11	Addition bis 20 (III)
	Name:

① **Verbinde mit dem richtigen Ergebnis!**

6 + 10	4 + 11	5 + 12	9 + 9	11 + 0	14 + 6

18	16	20	11	15	17

② **Berechne!**

a)

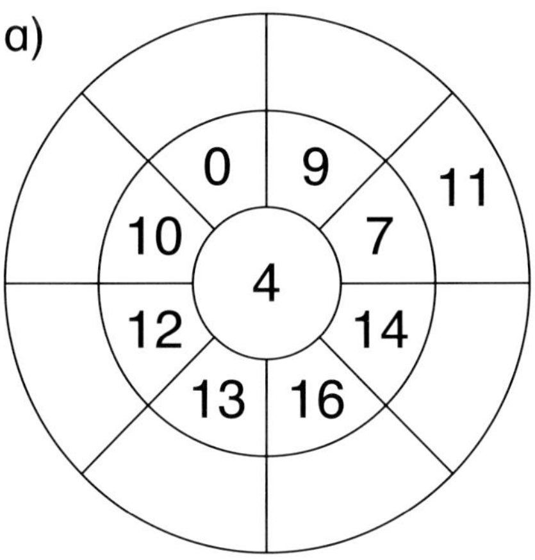

b)

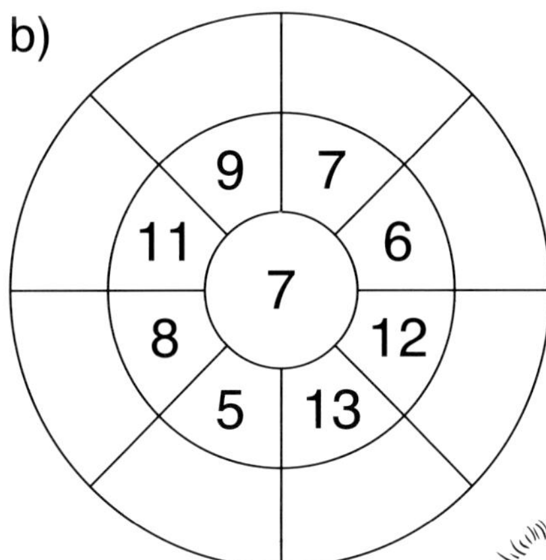

c)

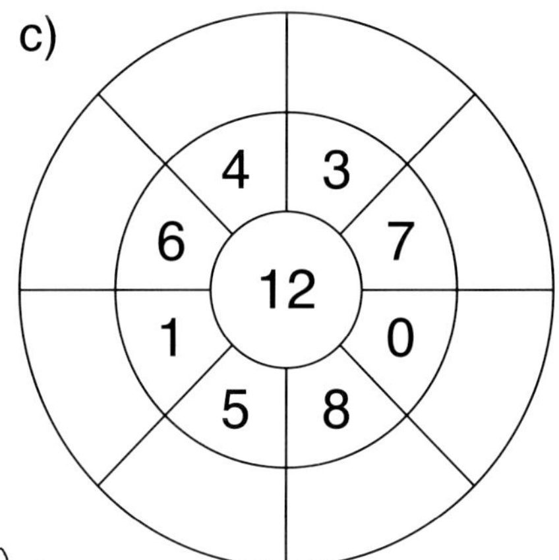

d)

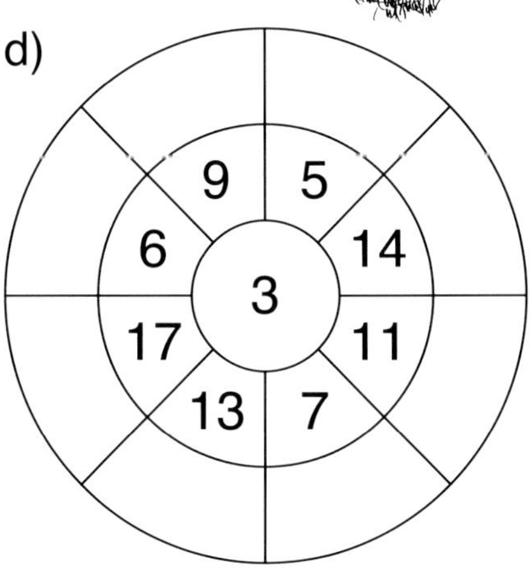

e)

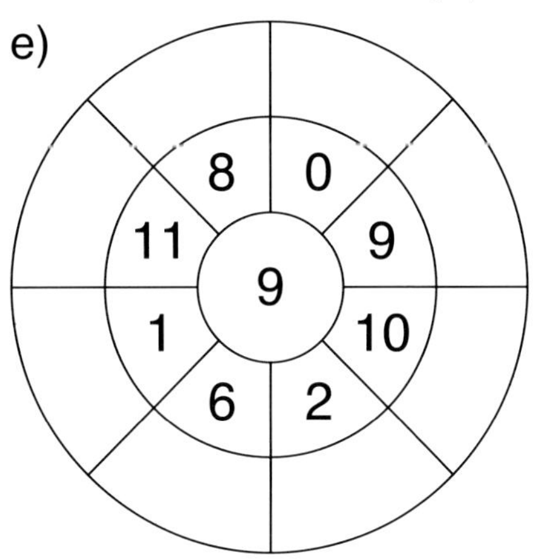

f)

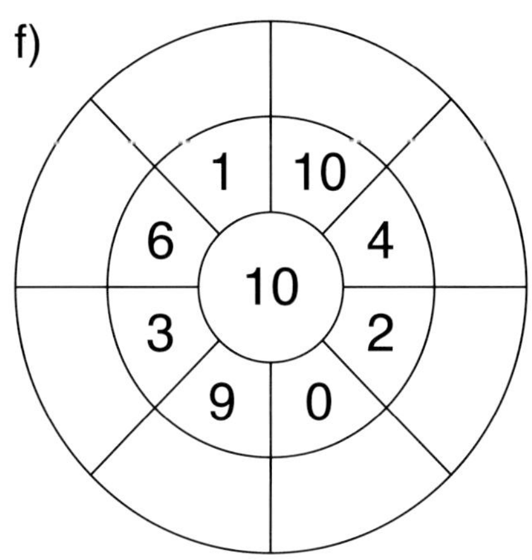

12	Subtraktion bis 10 (I)
	Name:

① Streiche durch und rechne!

a)

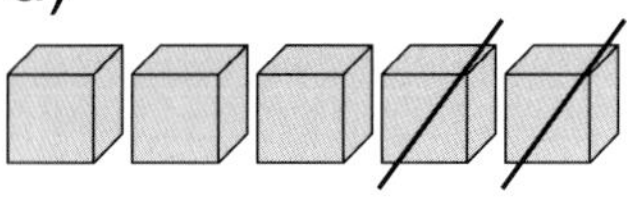

5 – 2 = ____

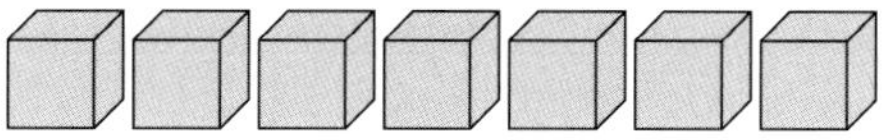

7 – 4 = ____

b)

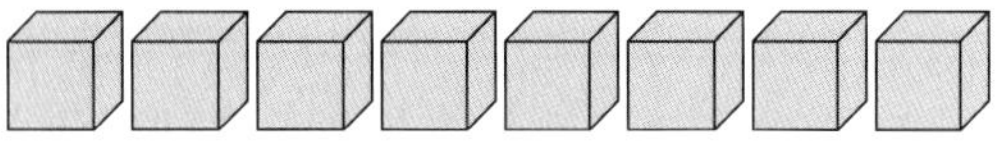

____ – 6 = ____

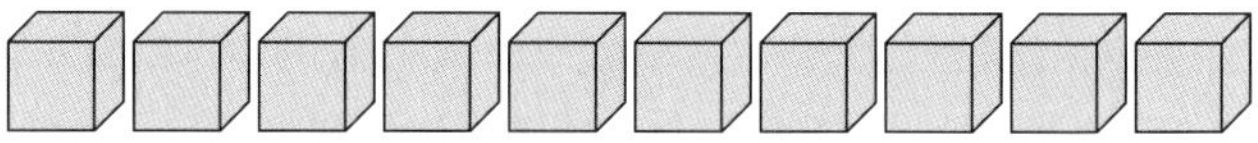

____ – 8 = ____

c)

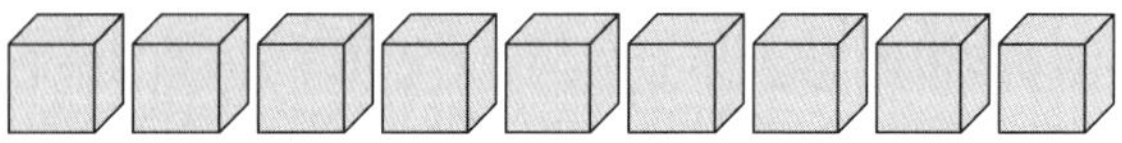

____ – 5 = ____

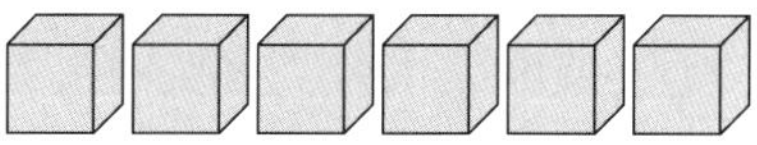

____ – 0 = ____

② Schreibe die Aufgabe und rechne!

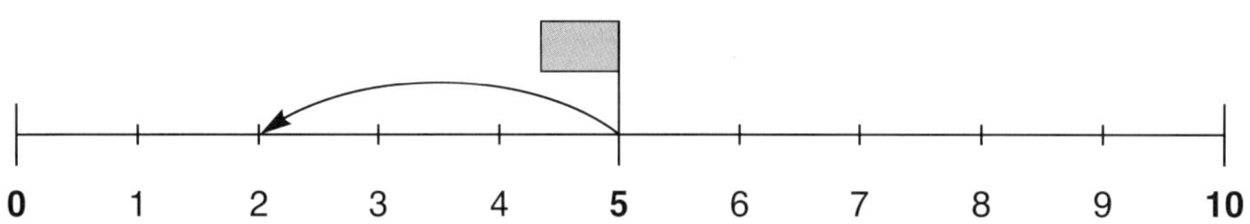

5 – ☐ = ☐

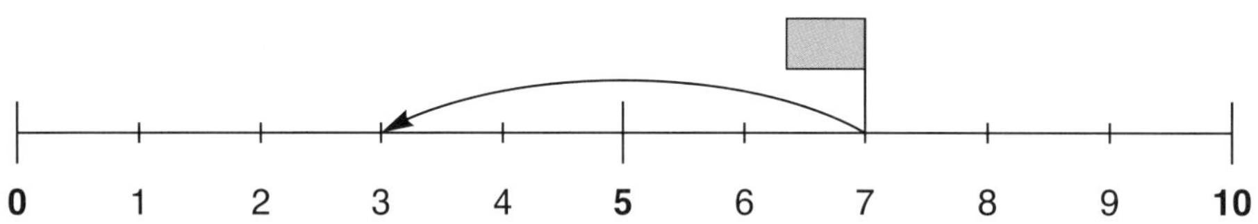

☐ – ☐ = ☐

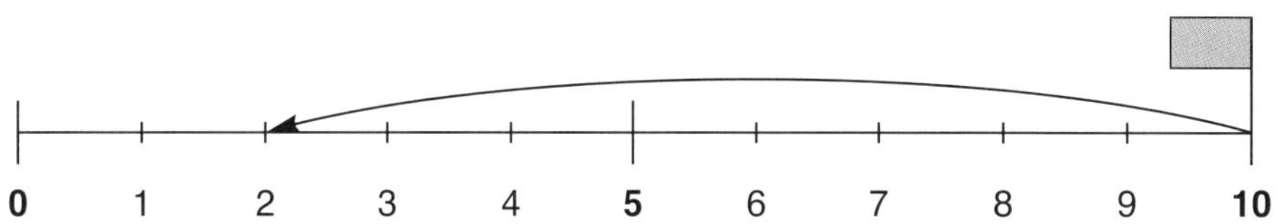

☐ – ☐ = ☐

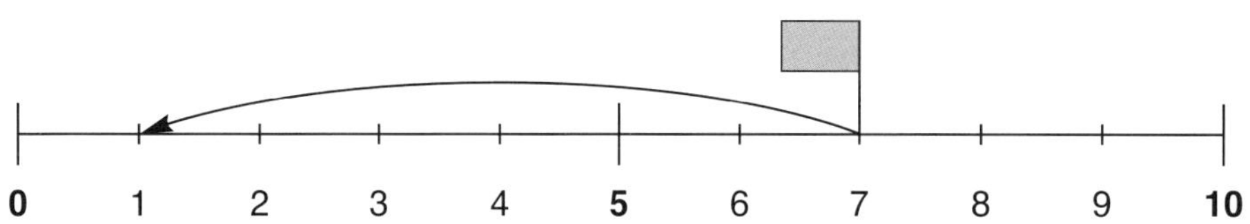

☐ – ☐ = ☐

13

Subtraktion bis 10 (II)

Name:

① **Schreibe zu jedem Bild eine Minusaufgabe und rechne.**

__________ __________ __________

② **Berechne!**

a)	b)	c)
4 – 3 = ____	7 – 2 = ____	6 – 5 = ____
8 – 8 = ____	10 – 5 = ____	5 – 3 = ____
3 – 2 = ____	9 – 7 = ____	8 – 7 = ____

③ **Weiter geht's!**

10 , 9 , 8 , ____, ____, ____, ____, ____, ____, ____, ____

12 , 10 , 8 , ____, ____, ____, ____

④

Jonas hat  .

Er gibt seinem Bruder  . Er hat noch ________ Euro.

14

Subtraktion bis 10 (III)

Name:

① **Zeichne Pfeile und rechne!**

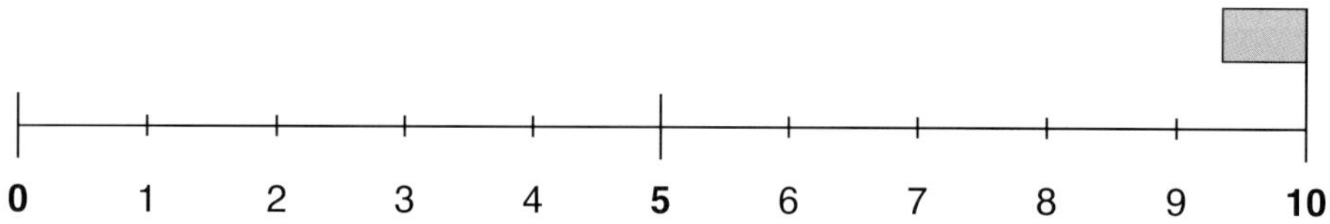

☐ – 3 = ☐

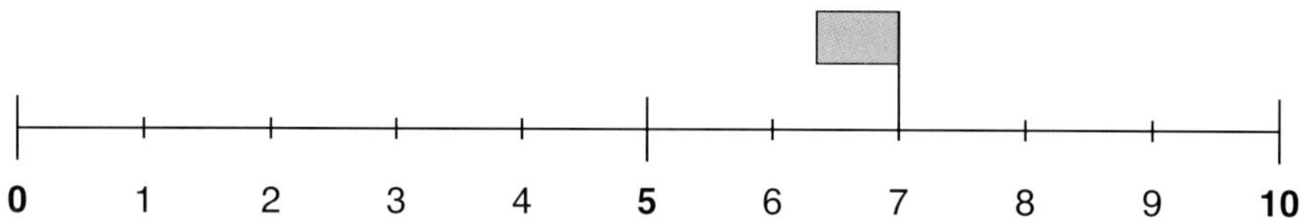

☐ – 5 = ☐

② **Rechne wie im Beispiel.**

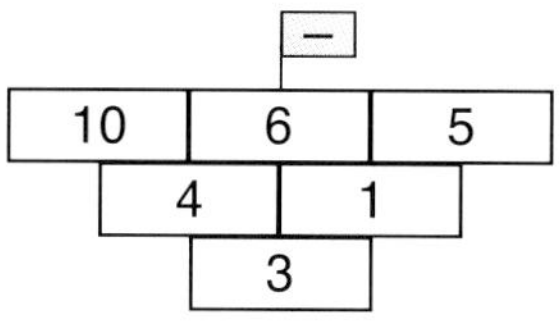

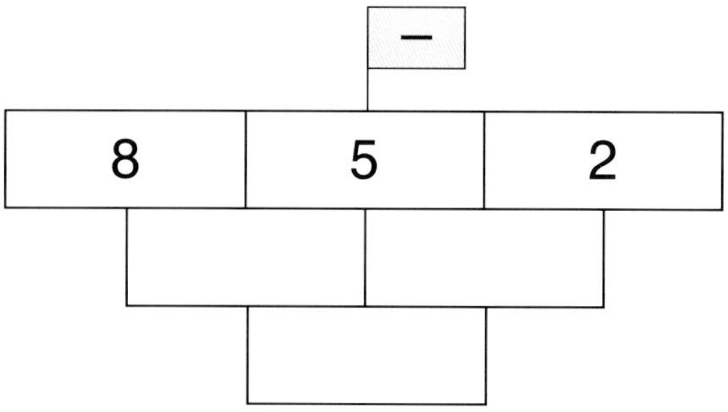

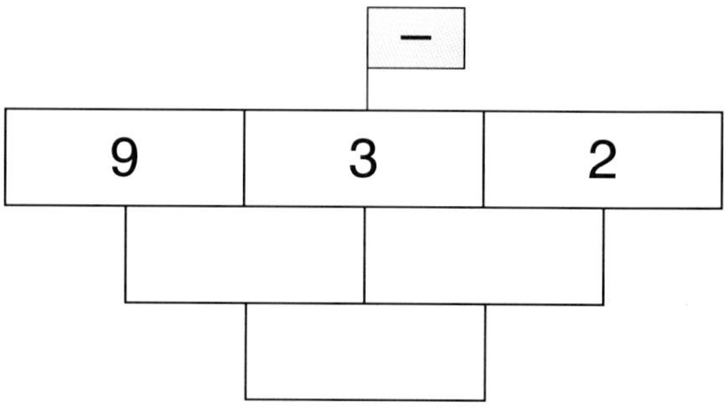

③ **Berechne und male die Flaggen an!**

10 – 6 = ____   8 – 3 = ____   9 – 5 = ____   6 – 4 = ____

____ = gelb
4 = rot
5 = schwarz

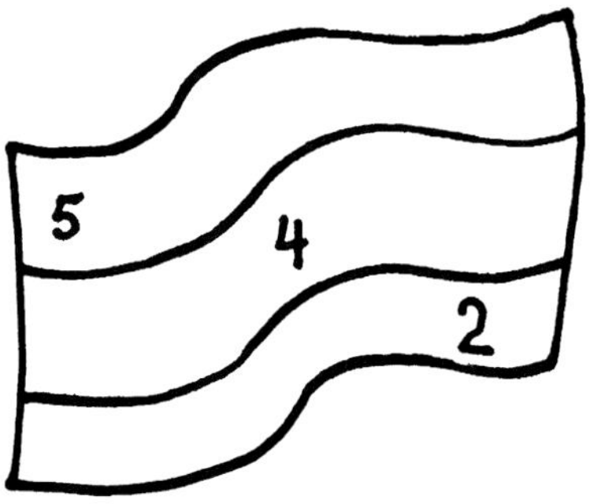

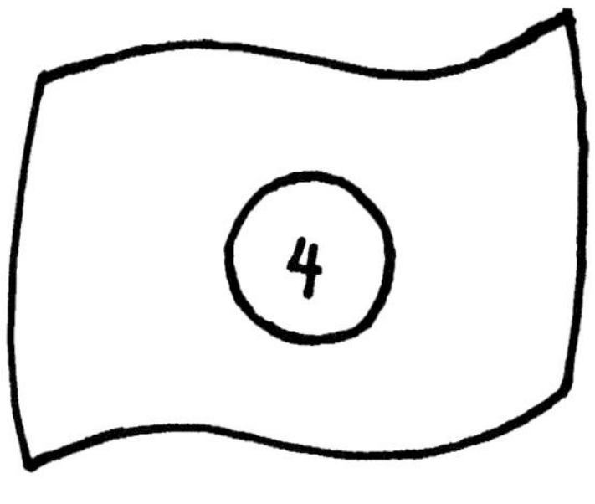

15	**Subtraktion bis 20 (I)** **Name:**

① **Zeichne Pfeile und rechne!**

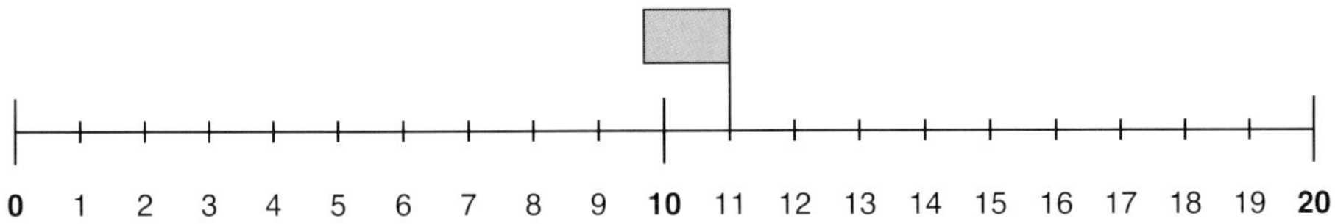

11 – 5 = □

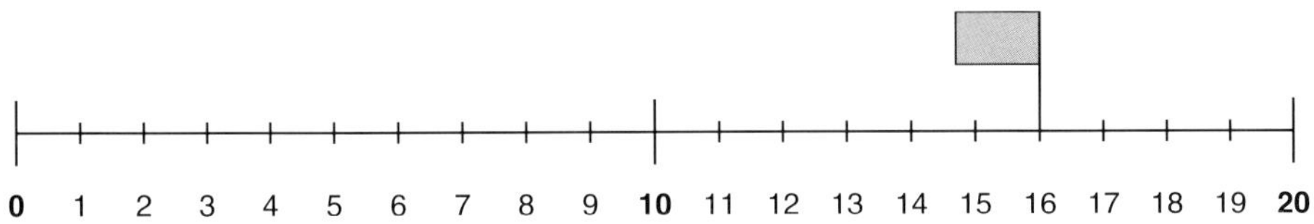

□ – 7 = □

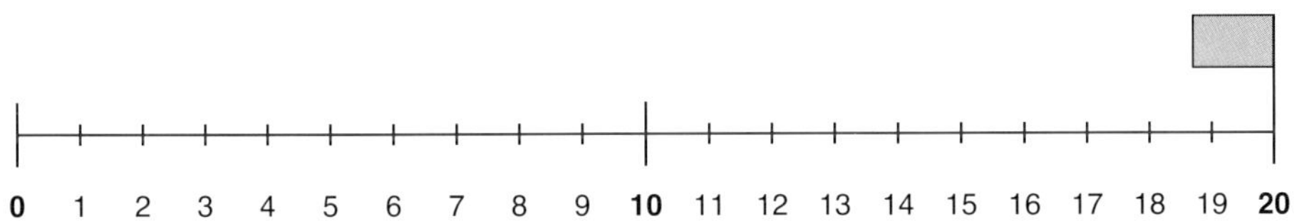

□ – 14 = □

② **Berechne!**

a) 14 – 4 = ____

19 – 8 = ____

13 – 5 = ____

b) 6 – 0 = ____

16 – 7 = ____

17 – 14 = ____

c) 17 – 4 = ____

20 – 20 = ____

19 – 16 = ____

③ **Immer 2!**

a)

20 – 12 – 6

14 – □ – □

13 – □ – □

b)

15 – □ – □

18 – □ – □

□ – □ – □

16

Subtraktion bis 20 (II)

Name:

① **Verbinde mit der richtigen Lösung.**

18 – 10	17 – 6	12 – 5	15 – 9	20 – 11

7	6	9	11	8

② **Berechne!**

a) 9 – 4 = ___ b) 7 – 3 = ___ c) 8 – 7 = ___

19 – 4 = ___ 17 – 3 = ___ 18 – 17 = ___

③ **Berechne!**

6		
20	–	14
17	–	
8	–	
12	–	
15	–	

4		
12	–	
13	–	
19	–	
17	–	
11	–	

8		
20	–	
8	–	
11	–	
16	–	
19	–	

④ **Berechne!**

a) ___ – 3 = 5 b) ___ – 12 = 8 c) ___ – 10 = 5

17 – ___ = 11 18 – ___ = 1 16 – ___ = 16

17	# Addition und Subtraktion bis 20 (I)
	Name:

① **Fülle aus!**

Pyramid (+):

7	2	3

Pyramid (+):

3	5	6

② **Fülle aus!**

Pyramid (+):

9		
5		7

Pyramid (−):

12	7	4

③ **Fülle aus!**

Pyramid (−):

20	10	4

Pyramid (−):

17	8	1

④ **Fülle aus!**

Pyramid (−):

14		3
10		

Pyramid (−):

12	3	
	1	

Addition und Subtraktion bis 20 (II)

Name:

① **Wie viele? Schreibe als Plusaufgabe.**

a)

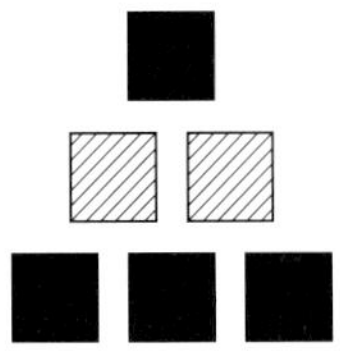

3 + 2 + 1 = ______

b)

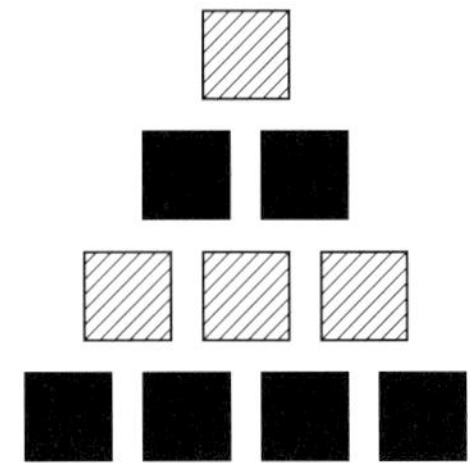

______

c)

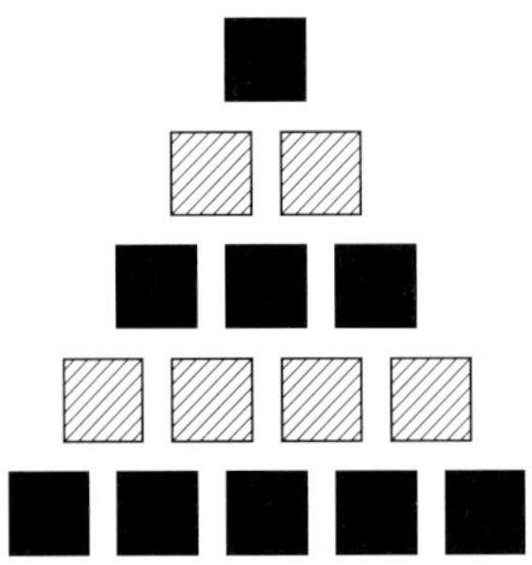

______

d)

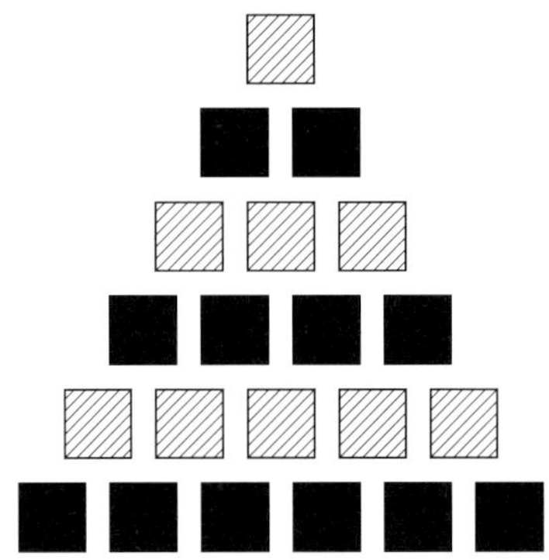

______

② **Berechne!**

a)	b)	c)
12 + ___ = 15	11 + ___ = 19	___ + 4 = 18
16 − ___ = 12	11 − ___ = 6	___ − 3 = 16
___ + 5 = 20	___ − 18 = 0	2 + ___ = 17

③ **Weiter geht's!**

0 , 4 , 8 , ___ , ___ , ___

20 , 17 , 14 , ___ , ___ , ___ , ___

1 , 2 , 4 , 7 , ___ , ___

19 Addition und Subtraktion bis 20 (III)

Name:

① **Berechne!**

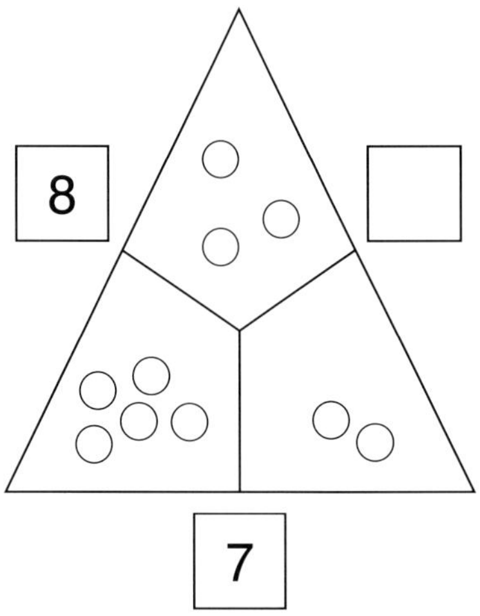

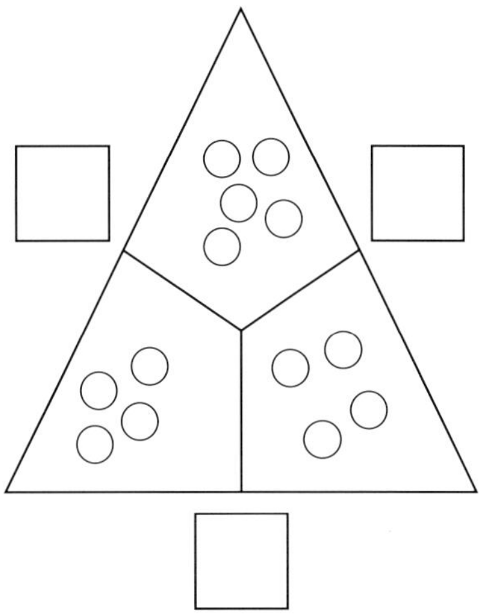

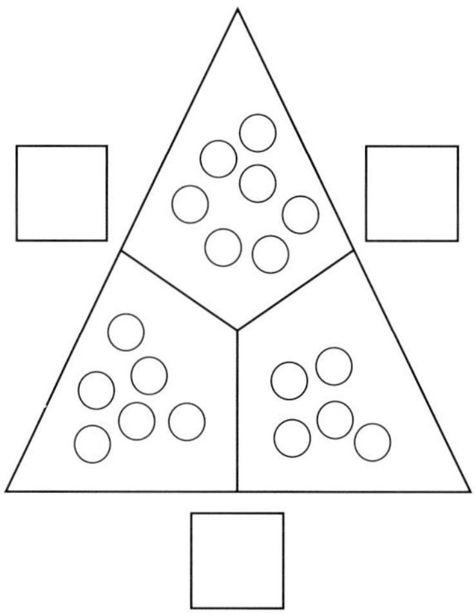

② **Berechne!**

+	1	4	6
3		7	
5			
7			

+	1	8	9
1			
8			
9			

−	5	8	11
20			
17			
11			

③ **Berechne!**

a) 11 + 4 = ____
15 − 4 = ____

b) 18 − 3 = ____
15 + 3 = ____

c) 20 − 12 = ____
8 + 12 = ____

④

Die Zahl heißt ______.

20	Die Zeit (I)
	Name:

① **Verbinde mit dem passenden Monat!**

14.3.	27.1.	24.12.	20.7.

Dezember	März	Juli	Januar

② **Sortiere! Beginne mit dem frühsten Datum im Jahr!**

28.5.	11.6.	5.1.	29.12.	27.9.
5.1.				

③ **Notiere die Uhrzeit!**

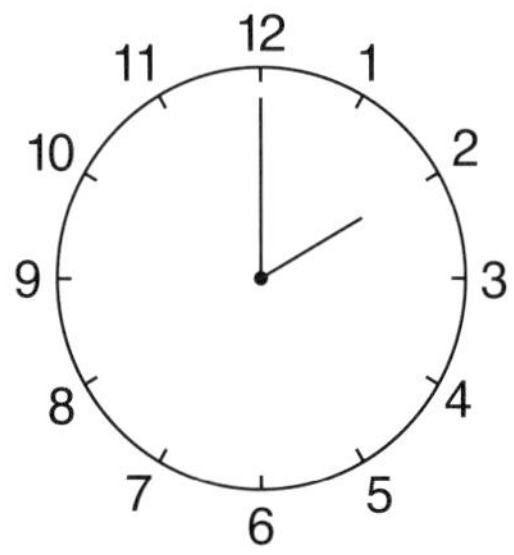

Es ist ____ Uhr.

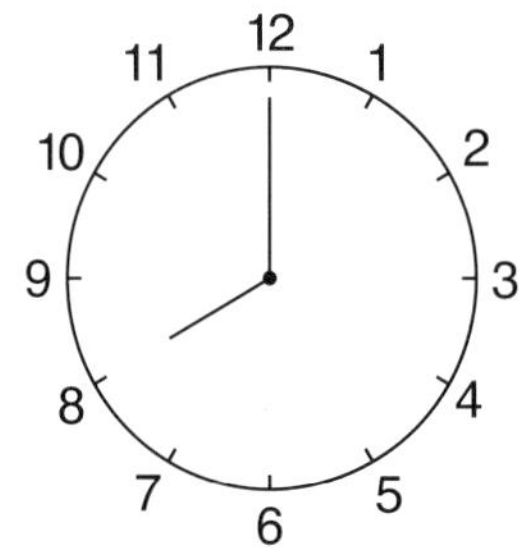

Es ist ____ Uhr.

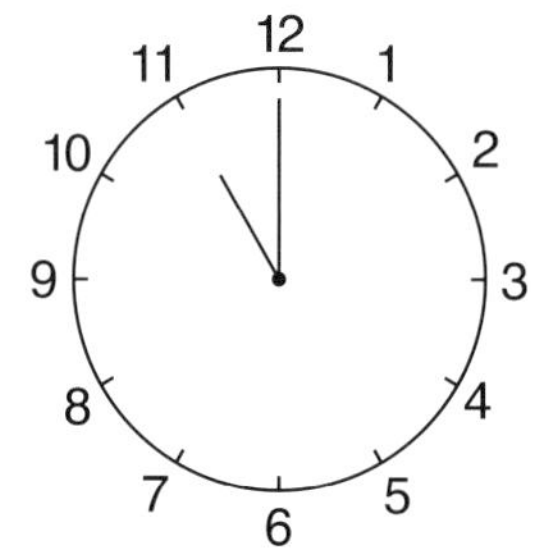

Es ist ____ Uhr.

④ **Trage ein!**

Ich habe am ____________________ Geburtstag.

Ich bin _______ Jahre alt.

21	**Die Zeit (II)**
	Name:

① **Weiter geht's!**

Montag, Dienstag, ______________________________

Frühling, Sommer, ______________________________

Januar, Februar, ______________________________

____

② **Schreibe weiter!**

Heute ist Mittwoch!

Morgen ist ____________________ .

Gestern war ____________________ .

③ **Zeichne den kleinen Zeiger ein!**

3 Uhr

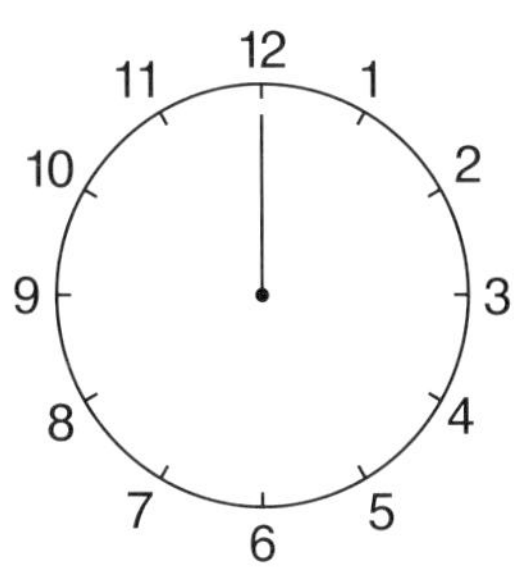

9 Uhr

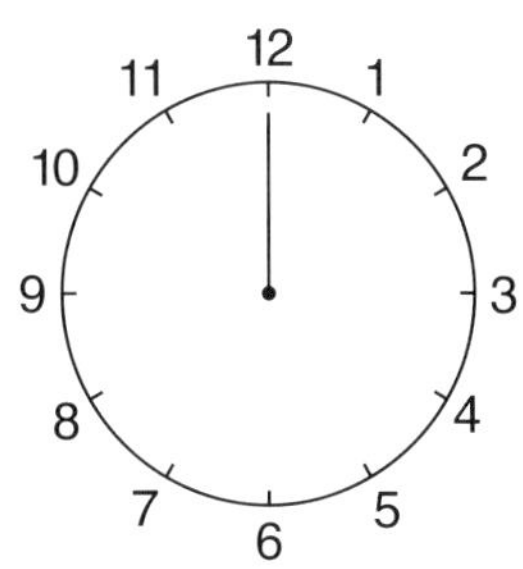

12 Uhr

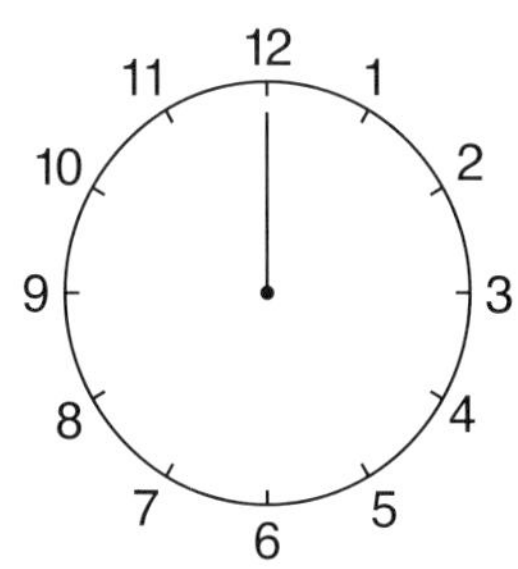

④ **Male diese Tage im Kalender farbig an!**

4.12.

Heiligabend

Nikolaus

20.12.

15.12.

Silvester

DEZEMBER

MO	DI	MI	DO	FR	SA	SO
1	2	3	4	5	6	7
8	9	10	11	12	13	14
15	16	17	18	19	20	21
22	23	24	25	26	27	28
29	30	31				

22

Geld (I)

Name:

① **Verbinde mit der passenden Münze.**

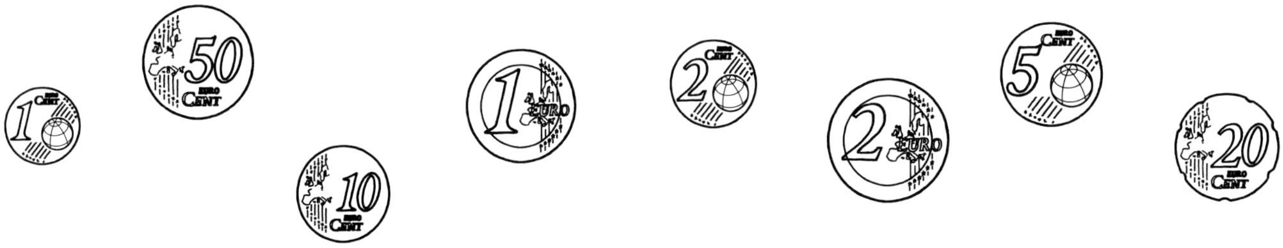

2 €	1 ct	20 ct	5 ct	50 ct	10 ct	2 ct	1 €

② **Male die Münzen!**

7 ct	18 ct	46 ct

③ **Berechne!**

a) 5 ct + 2 ct = ______

2 € + 1 € = ______

5 € + 3 € = ______

15 ct + ______ = 20 ct

b) 12 ct + 7 ct = ______

3 € + 2 € = ______

2 € + ______ = 7 €

13 ct + ______ = 20 ct

23

Geld (II)

Name:

① Wie viel Geld?

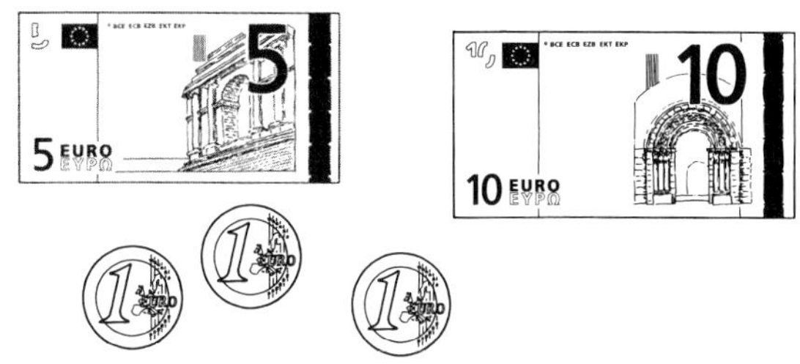

5 € +

② Schreibe Plusaufgaben und rechne!

4 € | 7 € | 11 € | 9 € | 13 €

4 € + 9 € =

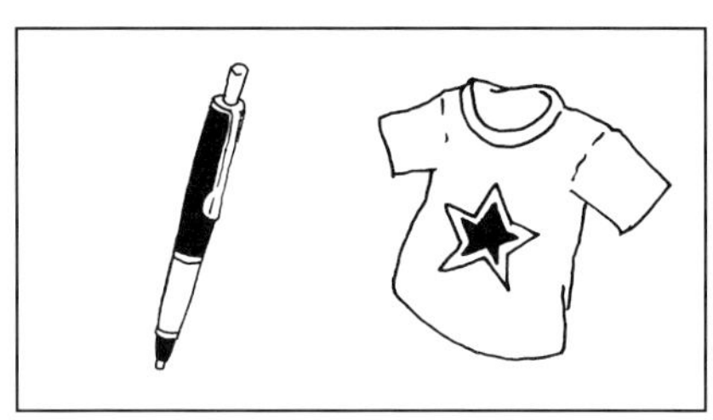

24

Figuren

Name:

① **Zeichne nach!**

② **Verbinde gleiche Formen.**

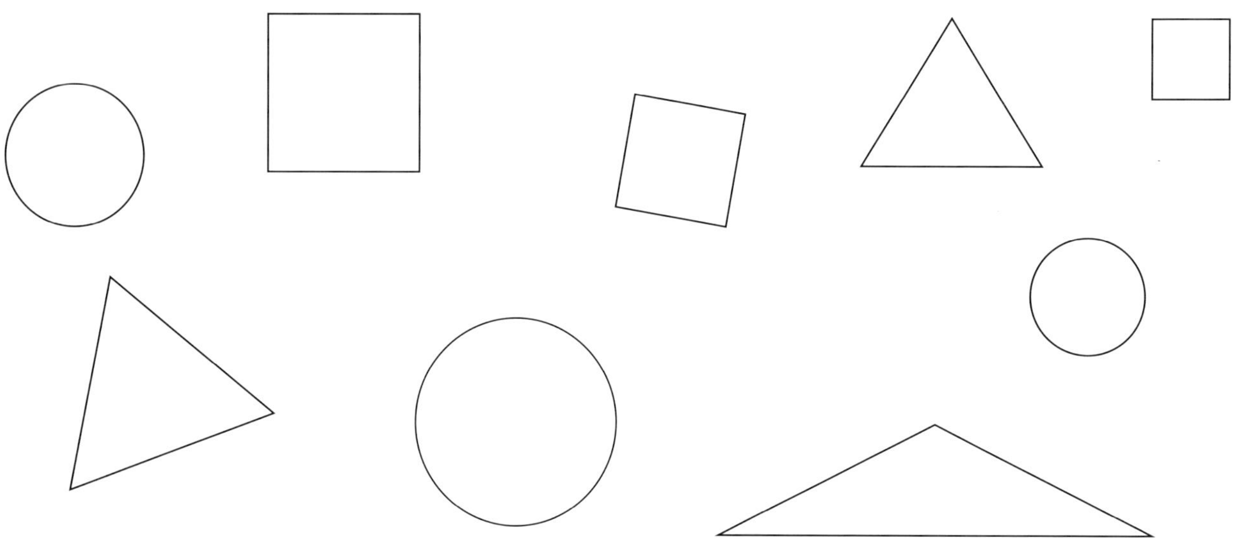

③ **Zeichne weiter!**

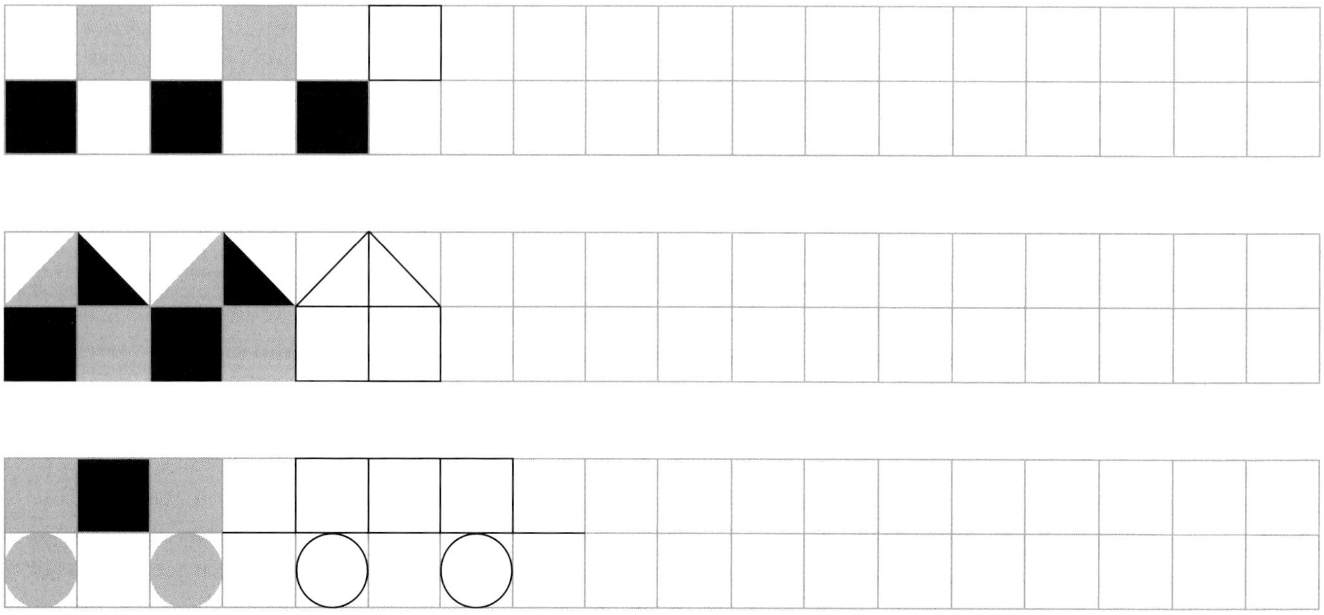

25	Die Zahlen bis 100 (I)	7 100
	Name:	36 54

① **Wie viele Kästchen sind markiert?**

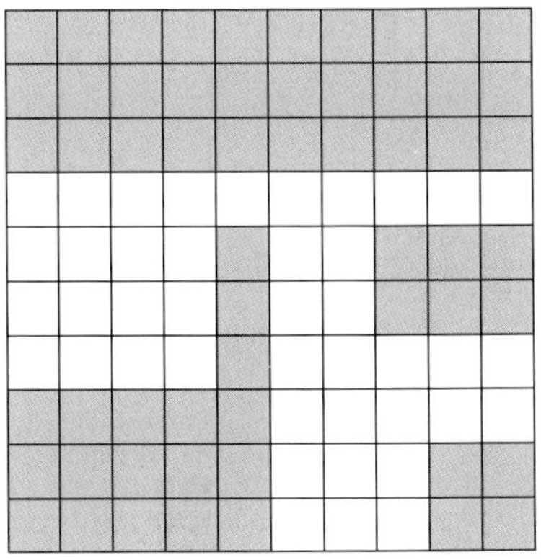
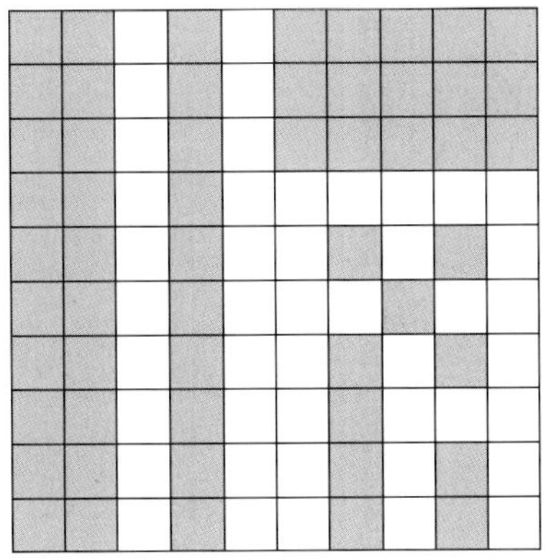
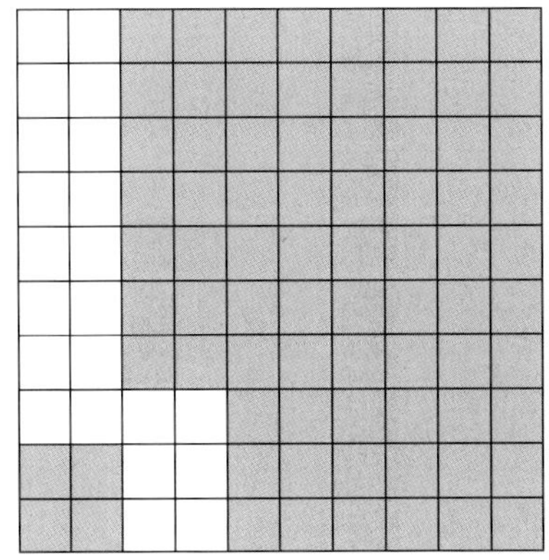

② **Wie viel insgesamt?**

Z	E

Z	E

Z	E

③ **Immer 39! Zeichne auf verschiedene Arten farbig ein.**

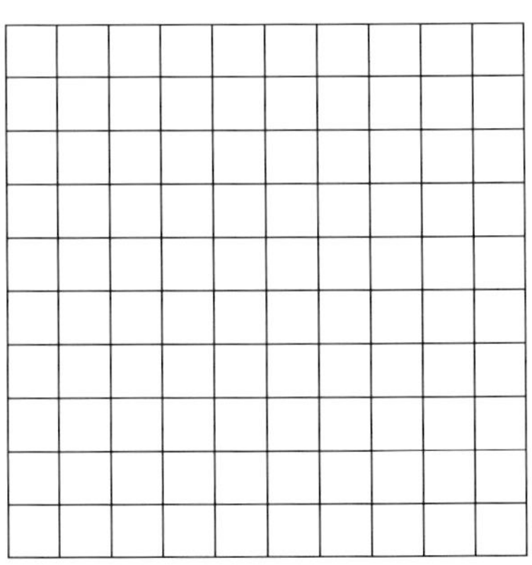
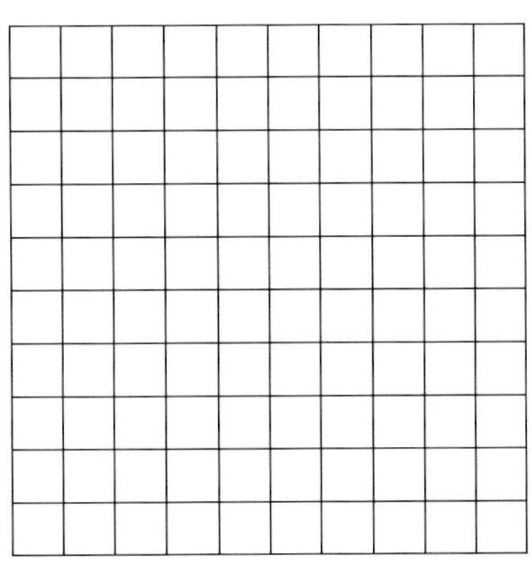
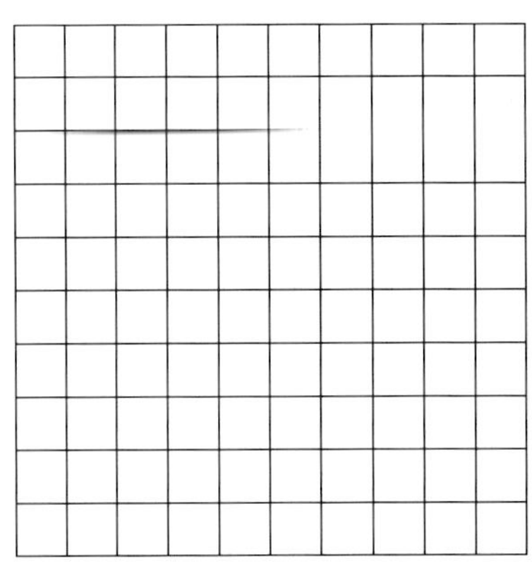

26

Die Zahlen bis 100 (II)

Name:

7 100
36 54

① **Fülle die leeren Felder aus!**

1	2	3		5	6	7		9	10
11	12	13		15			18	19	20
21	22	23				27		29	30
31	32	33	34	35	36	37	38	39	40
41	42	43	44		46	47	48		
51	52	53	54	55	56		58	59	60
61	62		64		66	67	68	69	
		73	74	75	76	77	78	79	80
81	82		84	85	86			89	90
91	92	93		95	96		98		

				5	6	7	8	9	10
	12	13	14	15	16	17	18	19	
		23	24	25	26	27		29	
31		33	34		36			39	
	42	43	44	45		47		49	50
51	52	53	54		56	57	58		60
61	62	63			66	67		69	70
71	72		74	75		77		79	80
81		83	84	85	86				
91	92					97		99	100

② **Weiter geht's!**

1 , 2 , 3 , ____, ____, ____, ____, ____, ____, 10

41 , 42 , 43 , ____, ____, ____, ____, ____, ____, 50

73 , 74 , 75 , ____, ____, ____, ____, ____, ____, 82

70 , 69 , 68 , ____, ____, ____, ____, ____, ____, 61

10 , 20 , 30 , ____, ____, ____, ____, ____, ____, 100

6 , 12 , 18 , ____, ____, ____, ____, ____, ____, 60

③ **Ordne die Zehnerzahlen der Größe nach. Beginne mit der größten Zahl!**

70 90 10 20 80 60 50 100 30 40

27	Die Zahlen bis 100 (III)	7 100
	Name:	36 54

① **Schreibe wie auf dem Hunderterfeld.**

	43	

	99	

		40

	18	

87			

	56	

② **Schreibe die fehlenden Zahlen oder Zeichen (<, > oder =).**

a) 17 ____ 11

55 > ____

77 ____ 29

b) 28 ____ 37

29 = ____

6 < ____

c) 100 ____ 14

86 < ____

47 ____ 85

③ **Wie heißen die Zahlen? Schreibe in die Fahnen!**

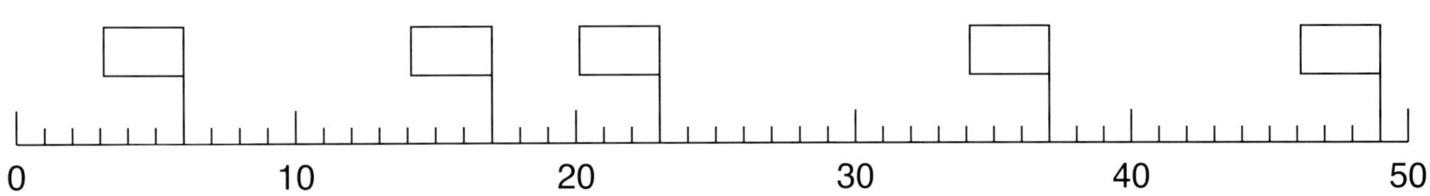

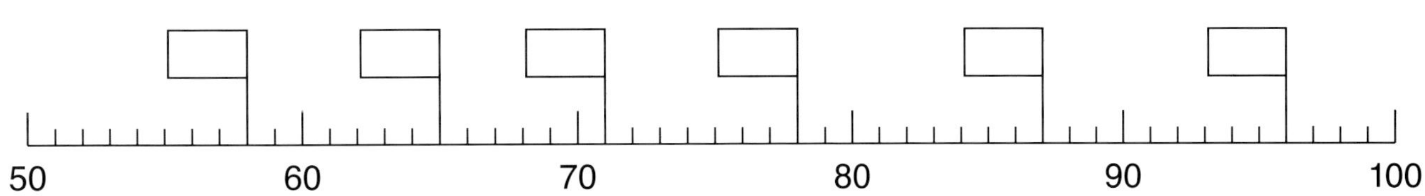

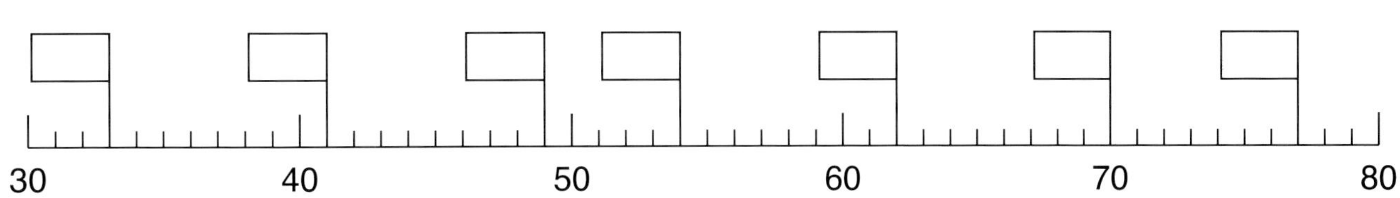

28	Die Zahlen bis 100 (IV)	7 100
	Name:	36 54

① **Wie heißen die Zahlen? Schreibe in die Kästchen.**

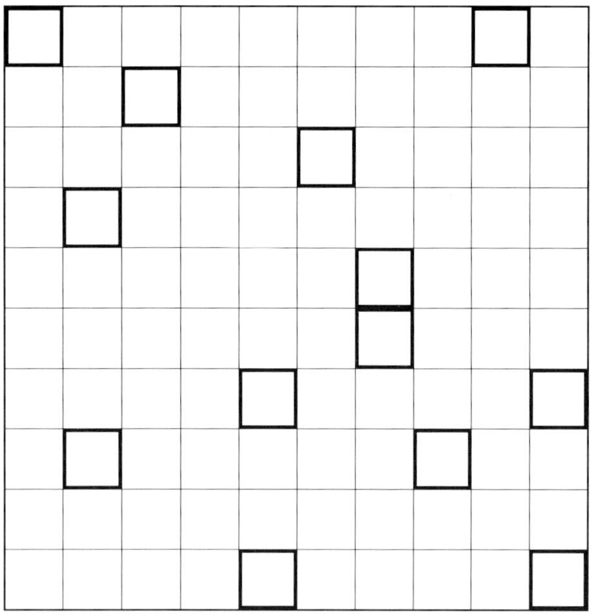

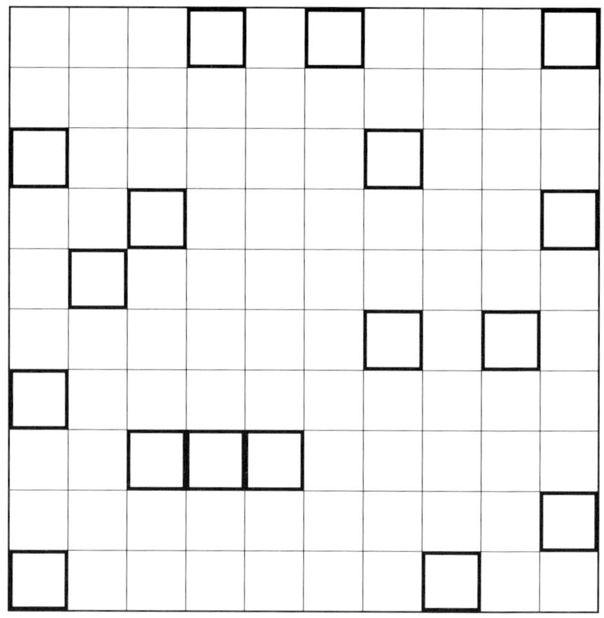

② **Notiere den Nachbarzehner!**

	20	

		70

70		

③ **Wohin geht es auf dem Hunderterfeld?**
Schreibe wie im Beispiel!

22 → 23   76 ↓ 86

12 → ☐   23 ↓ ☐   5 ↓ ☐   89 → ☐

99 → ☐   65 ↑ ☐   ☐ → 43   ☐ ↓ 71

④ **Schreibe als Ziffern!**

Elf: ______   Zwanzig: ______   Neun: ______

Vierunddreißig: ______   Dreiundachtzig: ______

Siebenundfünfzig: ______   Hundert: ______

29 Einstellige Zahlen ohne Zehnerübergang

Name:

① Male die Aufgabe und rechne!

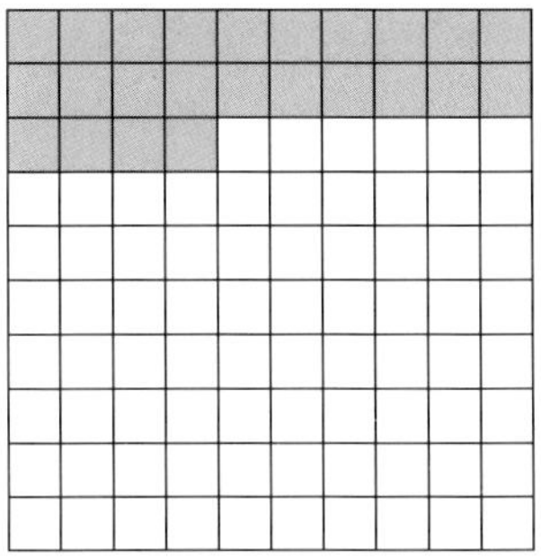

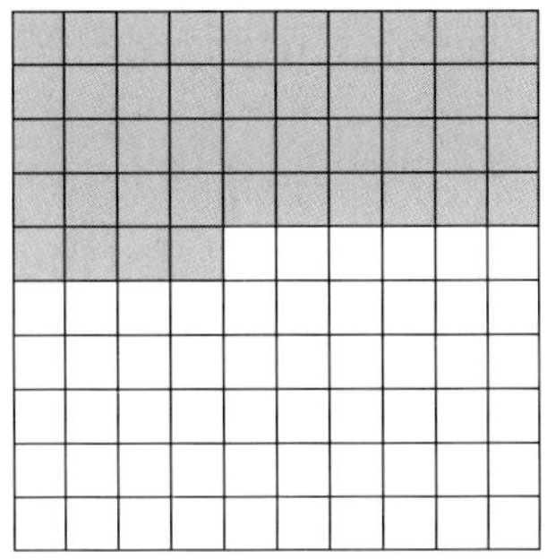

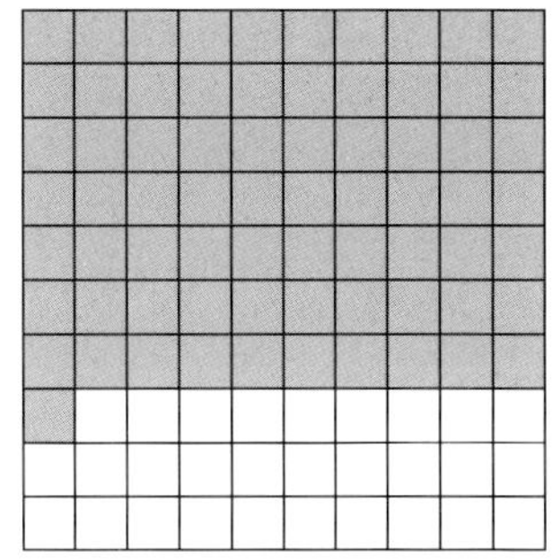

24 + 5 = ____

____ + 3 = ____

____ + 9 = ____

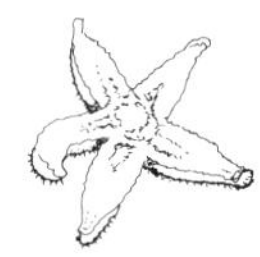

② Berechne!

a) 23 + 3 = ____
92 + 7 = ____
44 + 6 = ____

b) 54 + 1 = ____
71 + 9 = ____
56 + ____ = 60

c) 83 + 0 = ____
62 + 5 = ____
91 + ____ = 100

③ Berechne!

a) 28 – 3 = ____
99 – 5 = ____
68 – 0 = ____

b) 46 – 4 = ____
86 – 4 = ____
100 – ____ = 94

c) 77 – 6 = ____
39 – 1 = ____
58 – ____ = 50

④ Fülle aus!

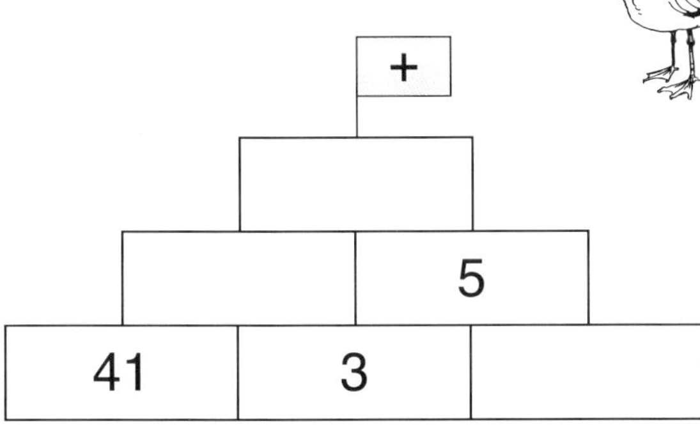

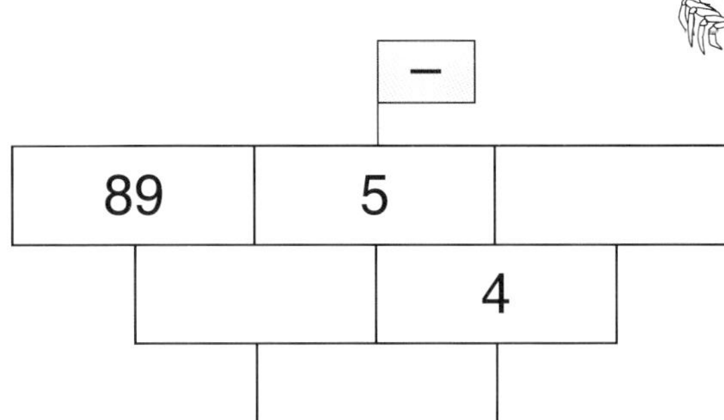

30	Zehnerzahlen Name:	

① **Berechne!**

a) 34 + 10 = ____ b) 89 − 30 = ____ c) 44 + 50 = ____

98 − 70 = ____ 65 − 60 = ____ 78 + 20 = ____

70 + 30 = ____ 41 + ____ = 71 99 − ____ = 49

② Steffi kauft für ihre Kaninchen Möhren für 30 Cent.
Sie bezahlt mit einem 50-Cent-Stück.
Wie viel Cent bekommt sie zurück?

Rechnung: ______________________

Antwort: ______________________

③ **Ordne für das Hunderterfeld richtig zu!**

+ 1	− 10	+ 10	− 1
←	→	↓	↑

④ **Berechne!**

+	20	50	30
27			
46			
18			

−	10	80	50
95			
82			
100			

+	0		40
4			
31		91	
29			

31 Einstellige Zahlen mit Zehnerübergang

Name:

① **Zeichne die Aufgaben mit Pfeilen ein und berechne.**

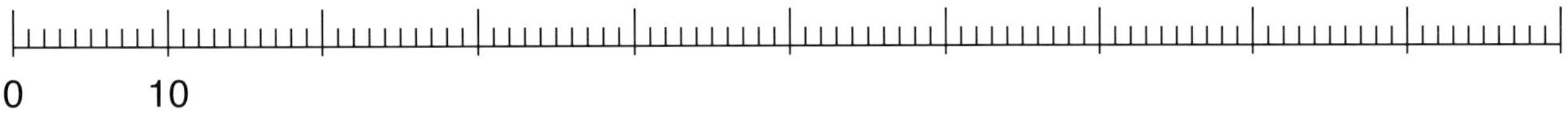

28 + 4 = ____	43 – 6 = ____	87 + 8 = ____	66 – 7 = ____
17 + 5 = ____	53 – 7 = ____	100 – 4 = ____	72 + 9 = ____

② **Berechne!**

a)	b)	c)
46 + 8 = ____	36 – 7 = ____	14 + 9 = ____
84 – 8 = ____	24 – 5 = ____	83 + 8 = ____
57 + 6 = ____	47 + ____ = 54	85 – ____ = 77
93 – 7 = ____	55 – ____ = 47	43 + 9 = ____

③ Tom kauft für 25 Cent und für 9 Cent Süßigkeiten.
Wie viel Cent muss er bezahlen?

Rechnung: ______________________

Antwort: ______________________

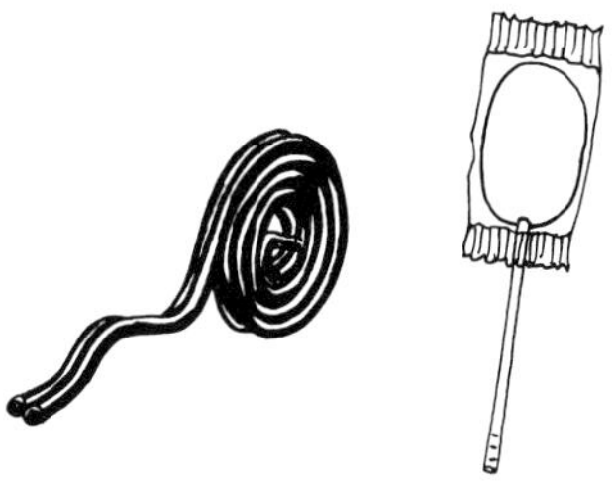

④ **Verbinde mit der richtigen Lösung.**

32 – 5	86 – 7	91 – 9	56 – 8	44 – 6
82	27	38	48	79

32	Vermischte Übungen Name:

① **Berechne!**

a) 42 + 6 + 7 = ____

54 − 6 − 5 = ____

83 − 6 + 4 = ____

b) 85 + 5 + 7 = ____

93 − 7 − 9 = ____

65 − 7 + 4 = ____

c) 28 + 9 + 8 = ____

36 − 3 − 8 = ____

71 − 0 + 9 = ____

② **Wie viel Geld insgesamt? Schreibe als Plusaufgabe.**

a) 

b) 

③ Andreas kauft eine Jacke für 75 €. Mit welchen Scheinen und Münzen kann er bezahlen? Kreuze mehrere Möglichkeiten an. Du kannst auch mehrere Kreuze in einem Kästchen machen.

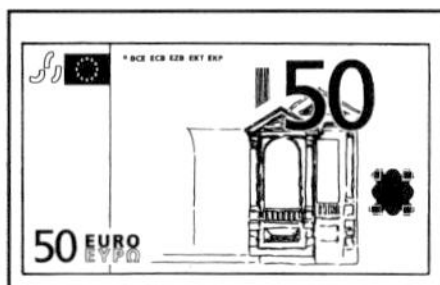					
X		XX	X		

33	Zweistellige Zahlen ohne Zehnerübergang (I)
	Name:

① **Berechne!**

32 + 27	32	+ 20 →	___	+ 7 →	___
45 + 32	45	+ →	___	+ →	___
64 + 25	64	+ →	___	+ →	___

② **Berechne!**

+	25	41	35
24			
41			
53			

+	35	22	66
32			
13			
24			

+	35	27	
42			
54			99
31			

③ Peter hat von seinem Taschengeld ein Heft für 53 Cent und einen Stift für 36 Cent gekauft. Wie viel Geld muss Peter bezahlen?

Rechnung: ______________________________

Antwort: ______________________________

④ **Was ist falsch? Streiche durch und schreibe die richtige Lösung.**

36 + 33 = 59	43 + 25 = 67	27 + 31 = 58
58 + 21 = 79	44 + 45 = 89	74 + 24 = 88

34	Zweistellige Zahlen ohne Zehnerübergang (II)
	Name:

① **Berechne!**

48 – 36	48	– 30 →	___	– 6 →	___
27 – 15	27	– →	___	– →	___
89 – 48	89	– →	___	– →	___

② **Fülle aus!**

–	23	35	46
48			
66			
79			

–	31	45	56
56			
98			
87			

–		34	47
99			
48	32		
77			

③ Anastasia hatte 48 € Guthaben auf ihrem Handy.
An einem Tag hat sie insgesamt 14 € vertelefoniert.
Für wie viel Euro kann sie noch telefonieren?

Rechnung: ______________________________

Antwort: ______________________________

④ **Was ist falsch? Streiche durch und schreibe die richtige Lösung.**

78 – 46 = 32	89 – 78 = 21	45 – 5 = 40
56 – 24 = 22	68 – 33 = 45	93 – 41 = 52

35

Zweistellige Zahlen ohne Zehnerübergang (III)

Name:

① **Berechne!**

a)		b)		c)	
25 + 13 = ____		48 – 37 = ____		81 + 19 = ____	
66 – 21 = ____		78 – 35 = ____		43 + 44 = ____	
51 + 39 = ____		21 + ____ = 78		69 – ____ = 21	

② Maria kauft Kaugummis für 40 Cent
und Bonbons für 38 Cent.
Sie zahlt mit zwei 50-Cent-Stücken.
Wie viel Cent bekommt sie zurück?

Rechnung: ______________________

____

Antwort: ______________________

③ Jonas hat 39 Cent in seinem Geldbeutel. Seine Oma schenkt ihm 50 Cent.
Für 39 Cent kauft er sich einen Comic. Danach hat er noch 48 Cent im
Geldbeutel.
Kann das stimmen?

Rechnung: ______________________

Antwort: ______________________

④ **Berechne!**

+

55		
13		2

–

88	35	
	21	

36 Zweistellige Zahlen mit Zehnerübergang (I)

Name:

① **Schreibe die Plusaufgaben und rechne.**

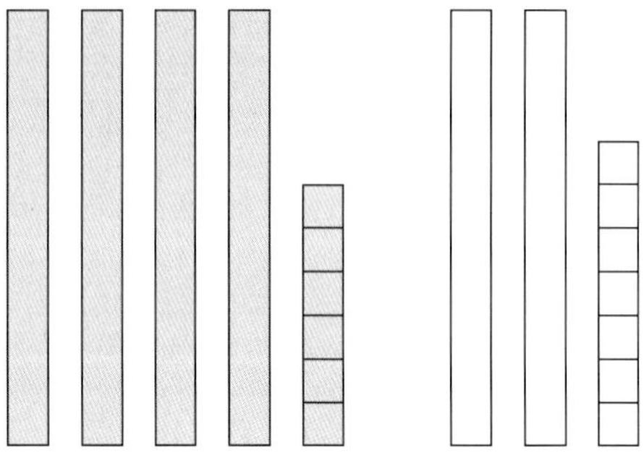

46 + ____ = ____

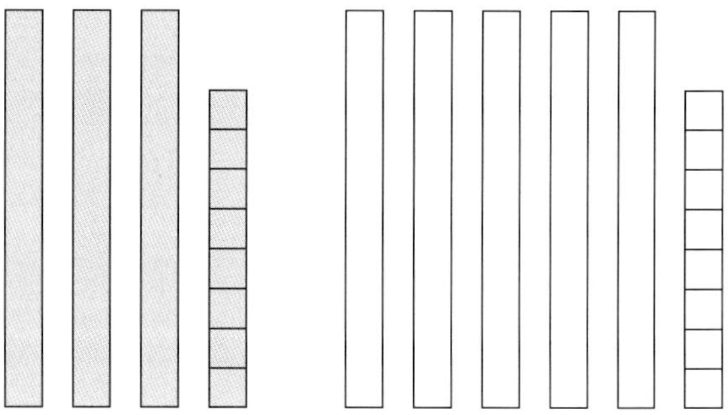

____ + ____ = ____

② **Berechne!**

a) 14 + 17 = ____
78 + 14 = ____
54 + 37 = ____

b) 38 + 25 = ____
49 + 51 = ____
58 + ____ = 71

c) 46 + 14 = ____
86 + 9 = ____
69 + ____ = 95

③ Steffen hat 27 Murmeln gesammelt. Von seinem Opa bekommt er noch 36. Wie viele Murmeln hat er jetzt?

Rechnung: ______________________________

Antwort: ______________________________

④ **Fülle aus!**

+	24	38	55
26			
37			
18			

+	45	9	
19			33
46			
38			

+		16	19
19			
66			
18	45		

37	**Zweistellige Zahlen mit Zehnerübergang (II)**
	Name:

① **Berechne!**

53 – 27	53	– 20	___	– 7	___
46 + 38	46	+	___	+	___
28 + 47	28		___		___
85 – 39	85		___		___

② **Berechne!**

a) 43 – 25 = ____
19 + 78 = ____
54 – 37 = ____

b) 53 – 17 = ____
31 – 16 = ____
47 – ____ = 29

c) 88 – 39 = ____
28 + 69 = ____
63 – ____ = 5

③ Evi hat schon 37 € für neue Schlittschuhe gespart.
Wie viel Euro fehlen ihr noch?

Rechnung: ______________________________

Antwort: ______________________________

④ **Zeichne die Aufgaben mit Pfeilen ein und berechne!**

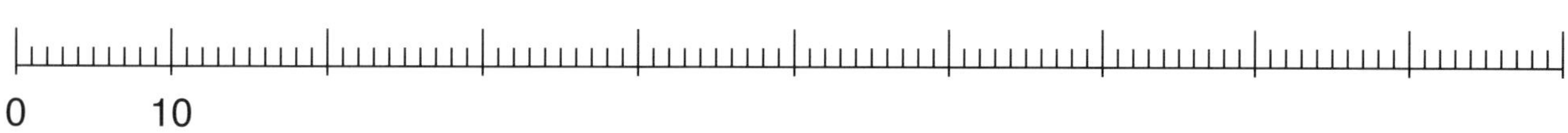

36 + 17 = ____   44 + 27 = ____   23 – 17 = ____   94 – 18 = ____

38 Zweistellige Zahlen mit Zehnerübergang (III)

Name:

① **Berechne!**

\+

13	16	19

−

92	47	21

② 45 + 36 + 17 = ____   96 − 17 − 38 = ____

③ Wie viele Schüler gehen insgesamt in die 1. Klasse?

Klasse 1a	25 Schüler
Klasse 1b	26 Schüler
Klasse 1c	19 Schüler
Klasse 1d	28 Schüler

Rechnung: ______________________

Antwort: ______________________

____

④ **Wie heißt die Zahl?**

a) Ich denke mir eine Zahl. Sie ist um 15 kleiner als 53.

____

b) Ich denke mir eine andere Zahl. Sie ist um 37 größer als 48.

____

⑤ **Welche Aufgaben haben das Ergebnis 100? Kreuze an!**

☐ 24 + 17 + 26 + 33

☐ 38 + 12 + 17 + 18 + 14

☐ 23 – 14 + 31 + 46 + 14

(39)

Einführung in die Multiplikation

Name:

① **Schreibe als Malaufgabe und berechne!**

4 + 4 + 4 = 3 · ____ = ____

6 + 6 + 6 + 6 = ____ · ____ = ____

2 + 2 + 2 + 2 + 2 + 2 = ____ · ____ = ____

8 + 8 = ____ · ____ = ____

3 + 3 + 3 + 3 + 3 = ____ · ____ = ____

10 + 10 + 10 + 10 = ____ · ____ = ____

② **Finde die passende Malaufgabe und rechne!**

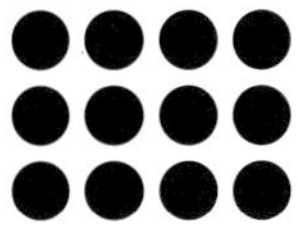

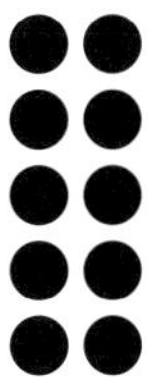

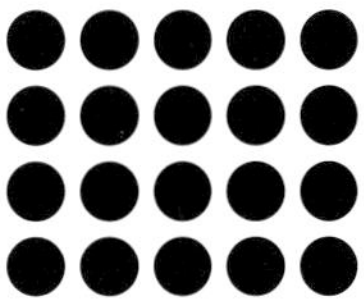

____________ ____________ ____________

③ **Male die Aufgaben wie in Aufgabe 2 auf ein extra Blatt und rechne.**

a) 2 · 3 = ____ b) 9 · 1 = ____ c) 5 · 4 = ____

7 · 2 = ____ 6 · 3 = ____ 10 · 8 = ____

④ In einem Limonadenkasten stehen in jeder Reihe 4 Flaschen. Insgesamt sind es 3 Reihen.
a) Zeichne die Anordnung im Kasten. Du kannst für die Flaschen Punkte oder Kreise benutzen.
b) Wie viele Flaschen sind im Kasten? Schreibe eine Malaufgabe und berechne!

Zeichnung:

Rechnung: ____________ Antwort: ____________

40

Multiplikation mit 2, 4 und 8 (I)

Name:

① **Schreibe zwei verschiedene Malaufgaben und rechne!**

a)

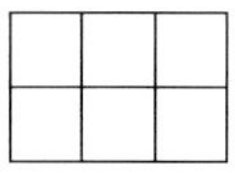

2 · ___ = ___ | ___ · 2 = ___

b)

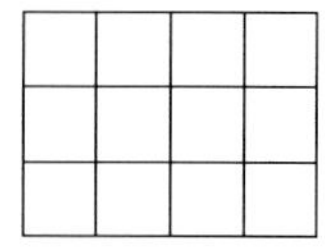

3 · ___ = ___ | ___ · ___ = ___

c)

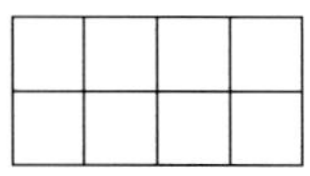

___ · ___ = ___ | ___ · ___ = ___

d)

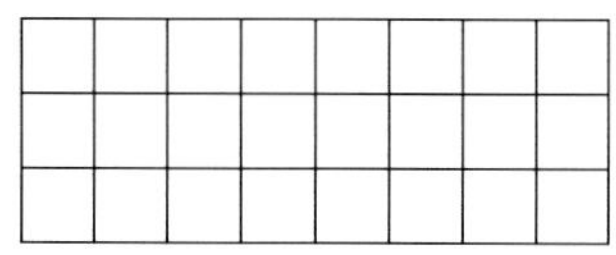

___ · ___ = ___ | ___ · ___ = ___

② **Berechne!**

a) 4 · 2 = ___
5 · 8 = ___
1 · 8 = ___

b) 5 · 2 = ___
0 · 4 = ___
3 · 8 = ___

c) 8 · 2 = ___
10 · 4 = ___
8 · 8 = ___

③ Autohaus Müller hat heute 5 Autos mit Winterreifen ausgestattet.
Wie viele Winterreifen sind das insgesamt?

Rechnung: ______________________

Antwort: ______________________

④ Opa Johann hat 5 Hasen und 3 Hühner.
Wie viele Beine haben die Tiere insgesamt?

Rechnung: ______________________

Antwort: ______________________

41

Multiplikation mit 2, 4 und 8 (II)

Name:

① **Berechne!**

· 2 →

1	
4	
8	
10	

· 4 →

0	
3	
5	
8	

· 8 →

2	
6	
7	
9	

② **Schreibe zu jedem Ergebnis eine Malaufgabe mit 2, 4 oder 8!**

a) 20 = 4 · 5
64 = ________
40 = ________
0 = ________

b) 16 = ________
36 = ________
56 = ________
8 = ________

c) 12 = ________
80 = ________
48 = ________
24 = ________

③ Im Sportunterricht werden Gruppen mit jeweils vier Kindern gebildet. Insgesamt werden sechs Gruppen gebildet. Wie viele Kinder sind in der Klasse?

Rechnung: ________________________

Antwort: ____

④ Bei einem Wettkampf der Ruderer nehmen sieben Boote teil. In jedem Boot sitzen acht Ruderer. Wie viele Ruderer sind das insgesamt?

Rechnung: ________________________

Antwort: ____

42	**Multiplikation mit 5 und 10**
	Name:

① Schreibe als Malaufgabe und rechne!

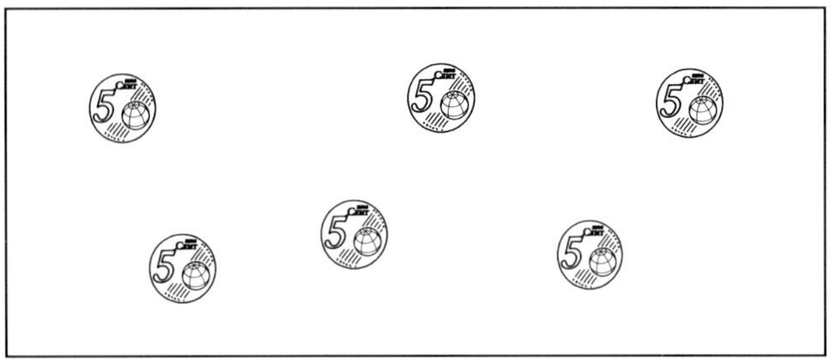

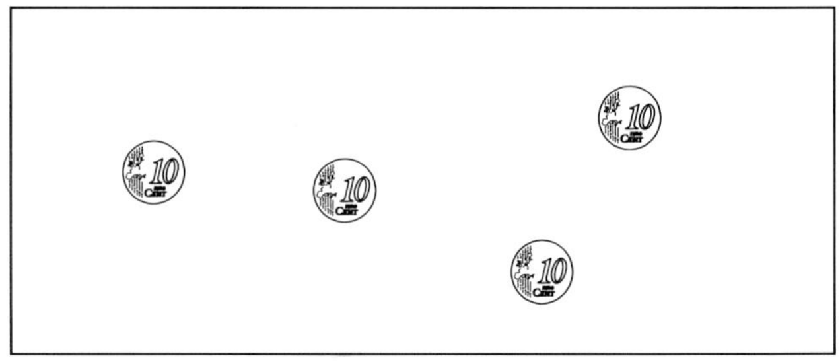

______________________ ______________________

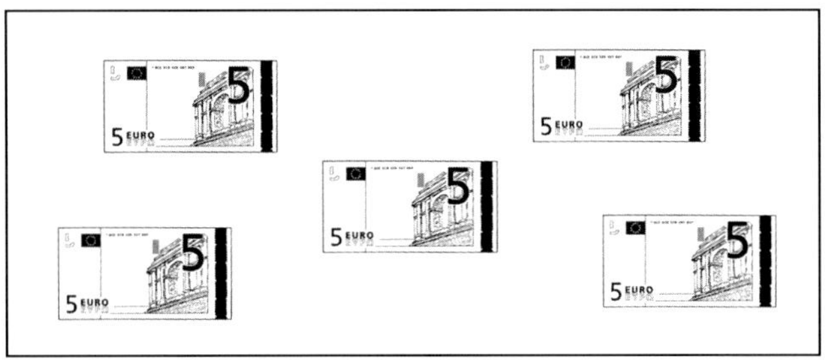

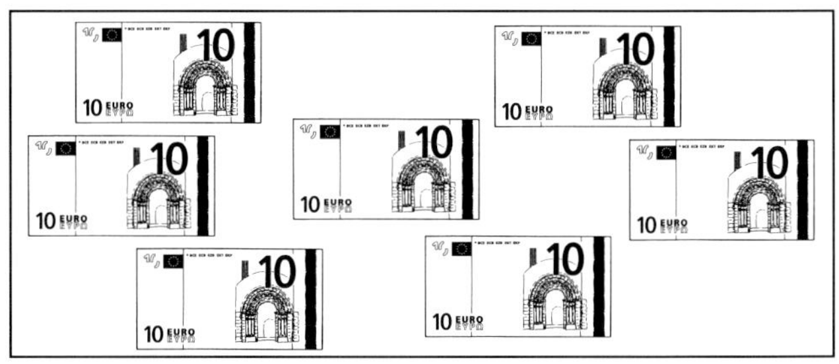

______________________ ______________________

② Berechne und verbinde mit dem richtigen Ergebnis!

3 · 5	4 · 10	7 · 5	7 · 10	9 · 5	10 · 10

70	15	100	45	40	35

③ Berechne!

a)	b)	c)
0 · 5 = ____	3 · 10 = ____	8 · 5 = ____
8 · 10 = ____	4 · 5 = ____	1 · 10 = ____
5 · 5 = ____	4 · 10 = ____	2 · 5 = ____
6 · 5 = ____	9 · 10 = ____	0 · 10 = ____

43

Multiplikation mit 3, 6 und 9 (I)

Name:

① **Schreibe als Malaufgabe und rechne.**

____

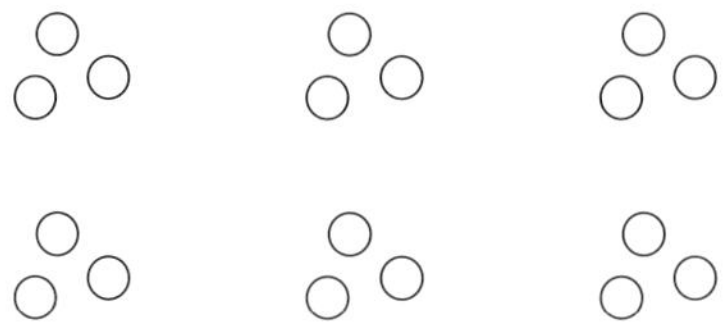

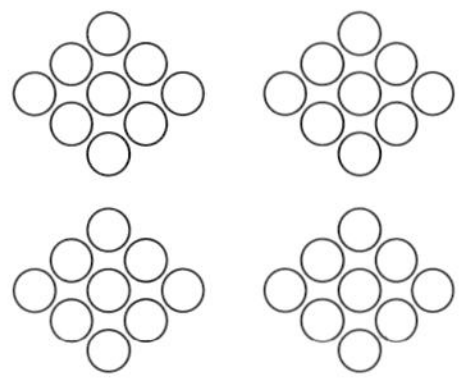

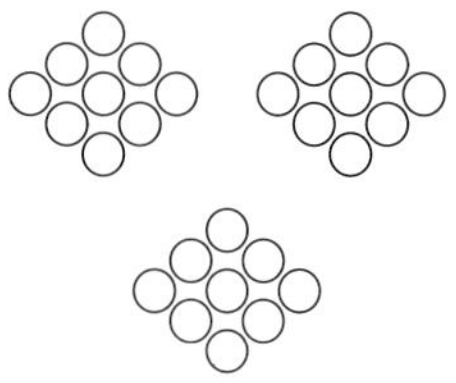

____________________ ____________________ ____________________

② **Berechne!**

a) 2 · 3 = ____	b) 6 · 9 = ____	c) 9 · 3 = ____
4 · 6 = ____	0 · 6 = ____	6 · 8 = ____
3 · 9 = ____	7 · 9 = ____	10 · 9 = ____
7 · 3 = ____	0 · 9 = ____	9 · 9 = ____

③ Tim hat beim Kegeln 5-mal alle Neune umgeworfen. Für jeden umgeworfenen Kegel gibt es einen Punkt.
Wie viele Punkte bekommt Tim?

Rechnung: ____________________

Antwort: ____

④ Lisa ist 9 Jahre alt und hat 7-mal hintereinander 6 Kegel umgeworfen.
Wie viele Punkte bekommt sie insgesamt für die 7 Würfe?

Rechnung: ____________________

Antwort: ____

44 Multiplikation mit 3, 6 und 9 (II)

Name:

① **Fülle aus!**

·	2	5	8
3			
6			
9			

·	4	7	10
3			
6			
9			

·	3	0	9
3			
6			
9			

② **Ergänze die Zahl!**

a) 2 · ____ = 12

6 · ____ = 18

b) 4 · ____ = 16

9 · ____ = 0

c) 6 · ____ = 36

9 · ____ = 99

③ Die Klasse 2b bestellt 6 Hamburger, 7 Schnitzel mit Pommes und 1 Steak mit Kartoffeln.

a) Wie viel Euro müssen jeweils für Hamburger, Schnitzel und Steak bezahlt werden?

Rechnung: ______________________________

Antwort: ______________________________

____

b) Wie viel Euro muss der Lehrer insgesamt aus der Klassenkasse für das Essen bezahlen?

Rechnung: ______________________________

Antwort: ______________________________

45

Multiplikation mit 7

Name:

① **Schreibe als Malaufgabe und rechne!**

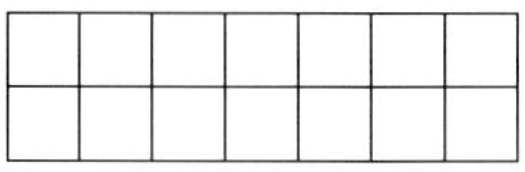

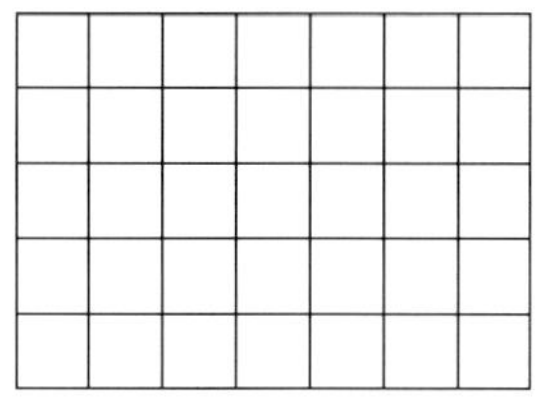

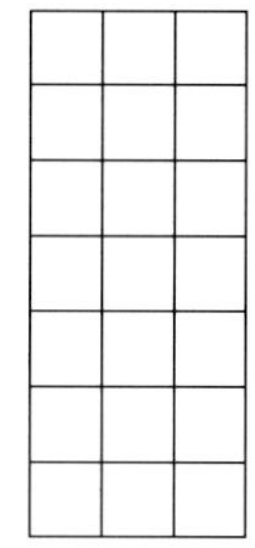

___ · ___ = ___ ___ · ___ = ___ ___ · ___ = ___

② **Berechne!**

a) 3 · 7 = ___ b) 0 · 7 = ___ c) 9 · 7 = ___

7 · 7 = ___ 10 · 7 = ___ 6 · 7 = ___

③ a) Eine Woche hat 7 Tage.
Wie viele Tage haben 2, 4 und 8 Wochen?

Rechnung: ______________________________

Antwort: ______________________________

____

b) Julia war 21 Tage im Urlaub.
Wie viele Wochen sind das?

Rechnung: ______________________________

Antwort: ______________________________

c) Jan war 3 Wochen und 2 Tage im Urlaub.
Wie viele Tage war er insgesamt weg?

Rechnung: ______________________________

Antwort: ______________________________

46 Vermischte Übungen zur Multiplikation

Name:

① **Berechne!**

·	3	4	7
2			
5			
8			

·	5	0	9
1			
6			
9			

·	4	8	9
5			
7			
3			

② a) Paul hat für seine Eisenbahn
8 Waggons für je 6 Euro gekauft.

Rechnung: ______________________

Antwort: ______________________

b) Anna kauft 7 Waggons für je 7 Euro.

Rechnung: ______________________

Antwort: ______________________

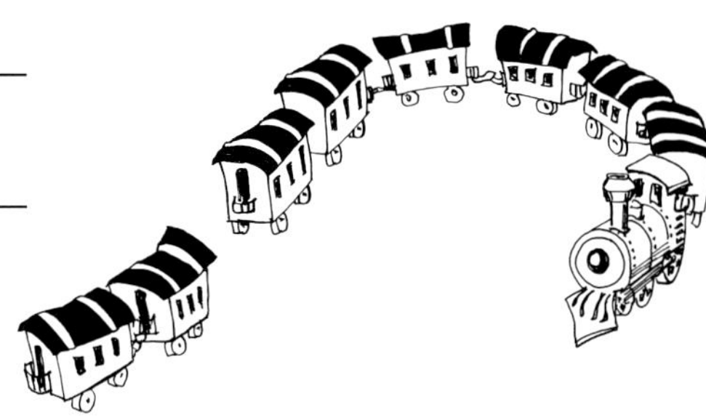

c) Maria bezahlt 40 Euro für 5 Waggons.

Rechnung: ______________________

Antwort: ______________________

③ Sebastian kauft 4 Bücher für 10 Euro, 2 Bücher für 8 Euro
und 3 Bücher für 6 Euro.
Wie viel Euro muss er insgesamt bezahlen?

Rechnung: ______________________

Antwort: ______________________

47	Monate, Tage, Wochen (I)
	Name:

① **Schreibe die Monatsnamen an den Jahreskreis!**

② **Schreibe kürzer!** Beispiel: 3. April = 3.4.

27. August = ________ 3. Dezember = ________ 15. Februar = ________

③ a) Wie viele Tage hat der Juni? ______

b) Wie viele Tage hat der Januar? ______

c) Notiere alle Monate, die 31 Tage haben. ______________________________

____

④ Lars wurde am 5.2.2000 geboren.

a) Steffi ist 4 Tage älter als Lars.
Wann wurde sie geboren?

Antwort: ______________________________

b) Tom ist 10 Tage älter als Lars.
Wann wurde er geboren?

Antwort: ______________________________

48	**Monate, Tage, Wochen (II)**
	Name:

① **Notiere das Datum in kurzer Form.**

a) heute: ______________ b) in 4 Tagen: ______________

morgen: ______________ vor 3 Tagen: ______________

gestern: ______________ in 2 Monaten: ______________

② **Sortiere von Jahresanfang bis Jahresende.**

14.05.	27.08.	29.01.	26.07.	01.11.	26.12.	28.02.

____

③ **Rechne um!**

a) Wie viele Tage sind …?

3 Wochen: ______ 5 Wochen: ______ 8 Wochen: ______

b) Wie viele Wochen sind …?

14 Tage: ______ 7 Tage: ______ 28 Tage: ______

④ Diese Angaben findest du auf der Milchpackung.
Wie viele Tage ist die Milch mindestens haltbar?

Abgefüllt am: 14.05.2006

Mindestens haltbar bis: 10.06.2006

Antwort: ______________________________________

⑤ Heute ist Samstag, der 25.12.2005. Jonas hat in 10 Tagen Geburtstag.
Notiere das genaue Datum und den Wochentag des Geburtstages.

Antwort: ______________________________________

49 Uhrzeit (I)

Name:

① **Wie spät ist es?**

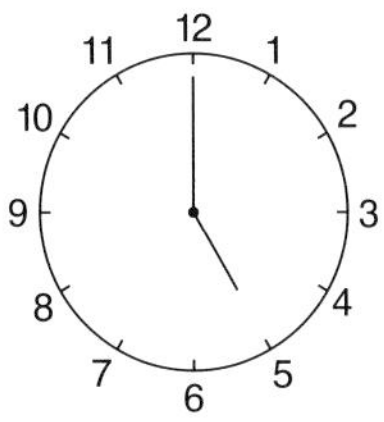
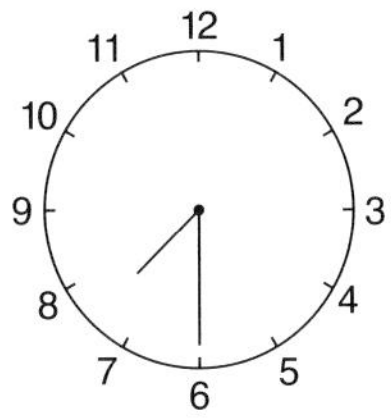

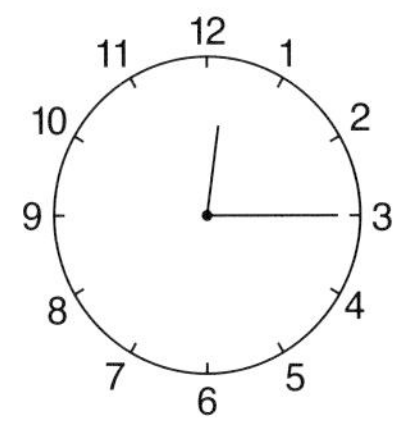

17 Uhr	______	______	______
5 Uhr	______	______	______

② **Zeichne die Uhrzeiger!**

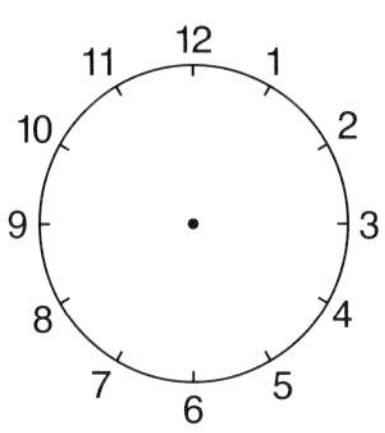
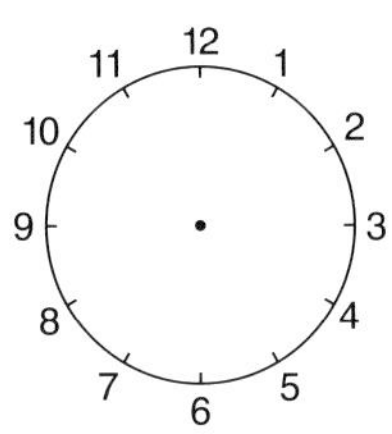
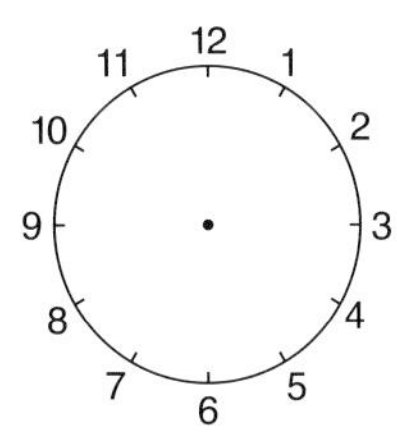
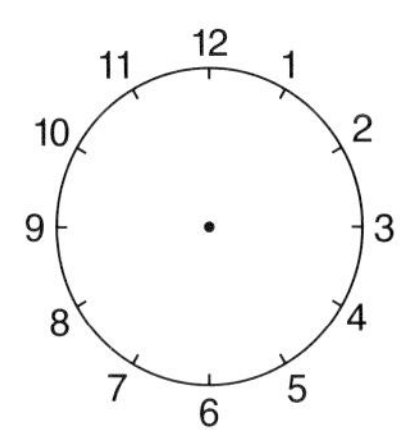

18:30 03:45 13.00 06.15

③ **Setze die Reihe fort!**

9.00 Uhr , 9.15 Uhr , ______, ______, ______, ______

11.00 Uhr , 12.00 Uhr , ______, ______, ______, ______

5.30 Uhr , 6.00 Uhr , ______, ______, ______, ______

④ **Wie viele Minuten fehlen noch bis zur nächsten vollen Stunde?**

17.30 Uhr → ______ 2.15 Uhr → ______ 6.45 Uhr → ______

⑤ In 2 Stunden und 15 Minuten fängt die Lieblingssendung von Peter an. Wann beginnt sie? Notiere die Uhrzeit (morgens)!

______

50

Uhrzeit (II)

Name:

① **Wie viel Zeit ist vergangen?**

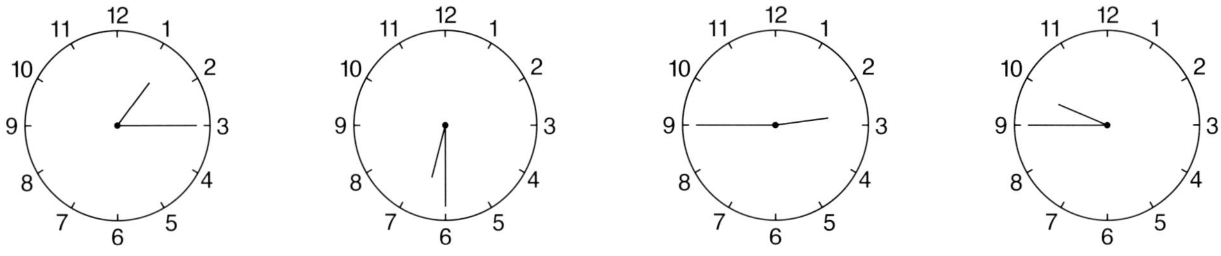

_____ Uhr → _____ Uhr

+ _____ Stunden _____ Minuten

_____ Uhr → _____ Uhr

+ _____ Stunden _____ Minuten

② **Wandle in Minuten um!**

halbe Stunde = __________

Viertelstunde = __________

eine Stunde = __________

Dreiviertelstunde = __________

③ Es ist 8.30 Uhr.

a) Wie spät ist es ...?

15 Minuten später __________

45 Minuten später __________

30 Minuten später __________

b) Wie spät war es ...?

30 Minuten früher __________

15 Minuten früher __________

45 Minuten früher __________

④ Wie viele Stunden hat die Bibliothek täglich geöffnet?

Antwort: ______________________________

____

Öffnungszeiten:

Montag bis Freitag

von 8.30 Uhr – 17.30 Uhr

51

Längen (I)

Name:

① **Miss die verschiedenen Streckenlängen und notiere!**

______ ______ ______

______ ______

② **Sortiere von kurz nach lang!**

Radiergummi	Mathebuch	Auto	Füller	Mäppchen

______

③ **Berechne!**

a) 15 cm + 10 cm = ______

84 cm + 16 cm = ______

36 cm + ______ = 72 cm

b) 92 cm – 35 cm = ______

43 cm – ______ = 17 cm

50 cm + ______ = 1 m

④ Von einem 1 Meter langen Stab wurden 30 cm abgesägt.
Wie groß ist die restliche Stablänge?

Rechnung: ______

Antwort: ______

⑤ Yannik hat für seine Eisenbahn 3 neue Schienen gekauft. Wie lang sind alle 3 Schienen zusammen, wenn eine Schiene 18 cm lang ist?

Rechnung: ______

Antwort: ______

52

Längen (II)

Name:

① **Zeichne folgende Streckenlängen auf ein extra Blatt!**

7 cm   12 cm   28 cm   19 cm   2,5 cm

② **Nenne drei Gegenstände, die ungefähr 30 cm lang sind!**

___

③ Eine Spinne krabbelt um das gesamte Fenster. Wie viele cm ist sie insgesamt gekrabbelt? Löse durch Messen und Rechnen!

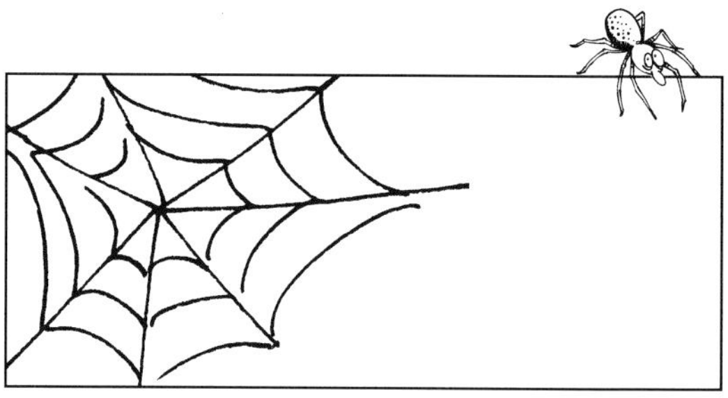

Rechnung: ___

Antwort: ___

④ Welche Nägel kann man in die Schachtel legen?
Miss die Länge der einzelnen Nägel und notiere die Länge.

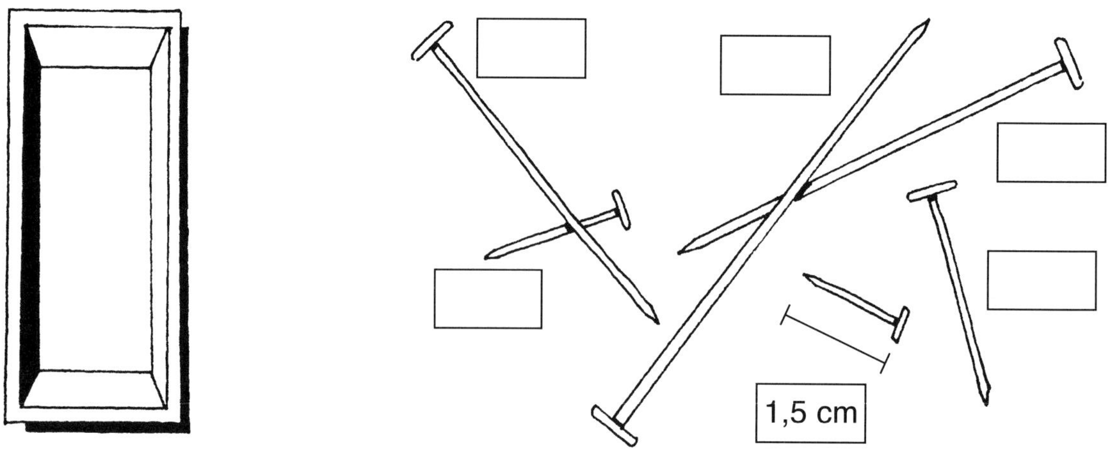

Antwort: ___

___

53	**Geld (I)**
	Name:

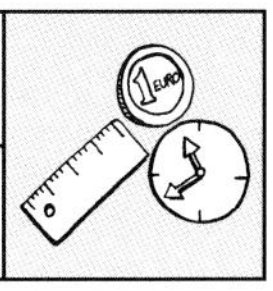

① **Notiere von wenig bis viel.**

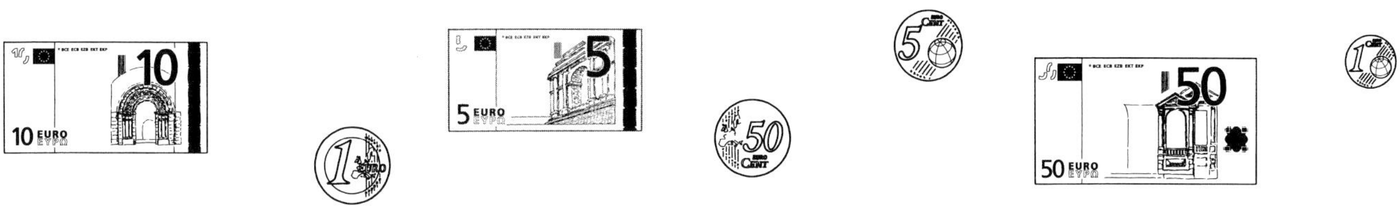

② **Berechne!**

a) 15 € + 13 € = ______

89 ct – 15 ct = ______

56 € + ______ = 81 €

b) 46 ct + 35 ct = ______

41 € – 27 € = ______

67 ct – ______ = 39 ct

③ Philipp bekommt einen Roller für 45 €. Seine Mutter zahlt den Betrag genau mit 5 Scheinen. Notiere die 5 Scheine als Plusaufgabe!

④ **Wie viel Geld insgesamt?**

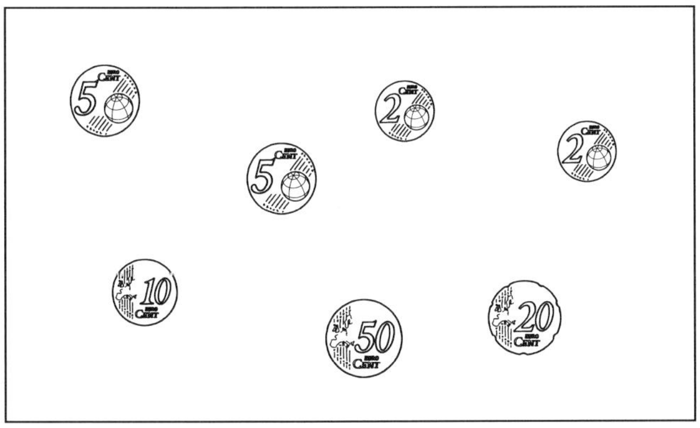

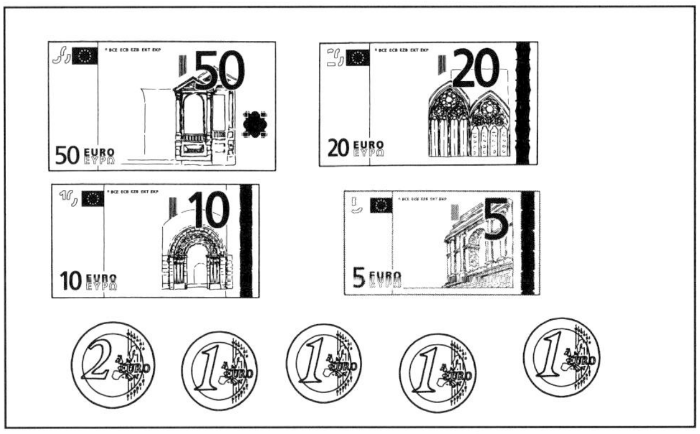

54	Geld (II)
	Name:

① **Welcher Preis gehört wozu? Ordne zu!**

85,90 € 250 € 699,90 € 12,30 €

② Anna kauft mit ihrer Mutter ein. Wie viel Geld bekommen sie zurück?

a)

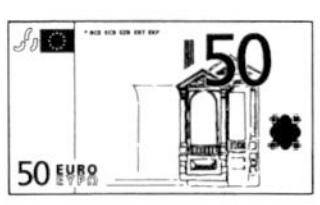

36 €

Rechnung: ____________________

Antwort: ____________________

b)

87 € 6 €

Rechnung: ____________________

Antwort: ____________________

③ Jennifer hat von ihren Großeltern 35 € und von ihrem Onkel 25 € zum Geburtstag bekommen. Sie möchte sich eine Musik-CD für 12 €, eine Hose für 40 € und ein Kartenspiel für 5 € davon kaufen. Wie viel Geld bleibt dann noch übrig?

Rechnung: ______________________________

Antwort: ______________________________

④ Theresa kauft sich ein Telefon für 35 €. Sie zahlt mit Scheinen. Wie könnte Lisa genau bezahlen? Notiere mindestens drei Möglichkeiten als Plusaufgabe.

____

____

55

Division (I)

Name:

① **Immer 4! Kreise ein.**

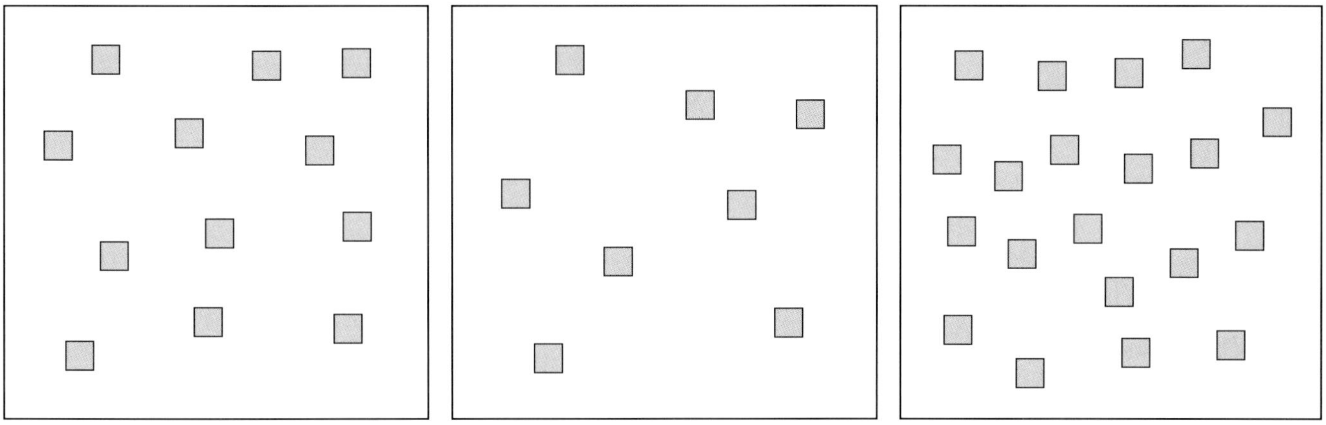

12 : 4 = ____ ____ : ____ = ____ ____ : ____ = ____

② **Berechne! Schreibe darunter auch die Umkehraufgabe.**

6 : 3 = ____	12 : 4 = ____	15 : 5 = ____	30 : 10 = ____
____ · ____ = ____	____ · ____ = ____	____ · ____ = ____	____ · ____ = ____

③ **Berechne!**

a) 12 : 2 = ____	b) 9 : 3 = ____	c) 21 : 7 = ____
30 : 6 = ____	40 : 5 = ____	24 : ____ = 8
18 : 2 = ____	24 : 4 = ____	50 : ____ = 5
14 : 1 = ____	____ : 3 = 6	____ : 5 = 0

④ Diese Kinder sollen sich 36 Bonbons teilen. Wie viele bekommt jedes?

Rechnung: ______________________

Antwort: ____

56

Division (II)

Name:

① **Halbiere!**

a) 10 = 5 + 5 b) 14 = ____ + ____ c) 26 = ____ + ____

42 = ____ + ____ 60 = ____ + ____ 84 = ____ + ____

② **Berechne!**

a) 20 : 5 = ____ b) 70 : 10 = ____ c) 35 : 5 = ____

____ · 5 = 20 ____ · 10 = 70 ____ · 5 = 35

③ **Schreibe zu a) und b) je eine Geteiltaufgabe und eine Malaufgabe und berechne!**

a)

(·) ______________________________

(:) ______________________________

b)

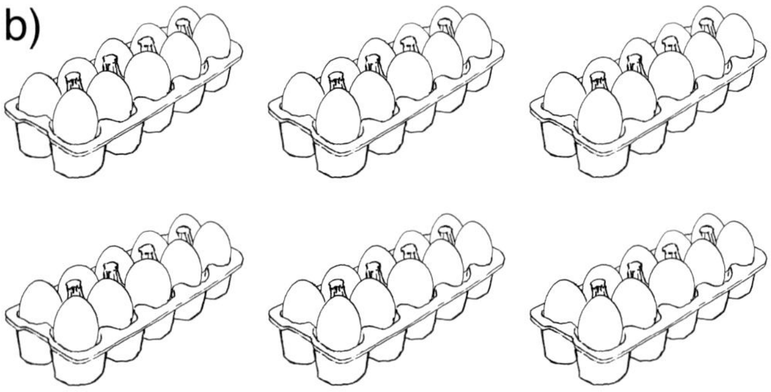

(·) ______________________________

(:) ______________________________

④ Wie viele gleich hohe Türme gibt es, wenn jeder Turm immer aus ...

a) 2 Bauklötzen besteht? ______________________

b) 3 Bauklötzen besteht? ______________________

c) 6 Bauklötzen besteht? ______________________

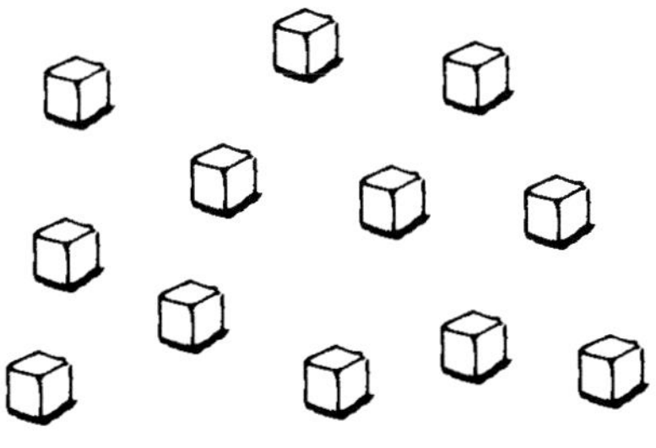

57	**Division (III)**	O
	Name:	O

① **Berechne!**

a) 10 : 2 = ____ b) 25 : 5 = ____ c) 28 : 7 = ____

32 : 8 = ____ ____ : 20 = 3 30 : ____ = 6

② 20 Bananen werden an 5 Kinder verteilt.
Wie viele Bananen bekommt jedes Kind?

Rechnung: ______________________________

Antwort: ______________________________

③ Auf einem Bauernhof sind 36 Kükenbeine zu sehen.
Wie viele Küken sind es?

Rechnung: ______________________________

Antwort: ______________________________

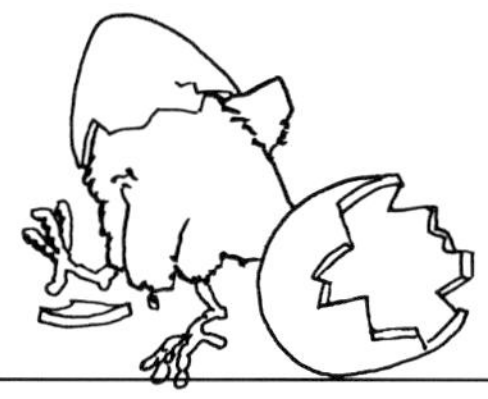

④ **Schreibe einen passenden Text zu der Aufgabe** **20 : 4** **und berechne!**

Text: ______________________________

____

Rechnung: ______________________________

Antwort: ______________________________

⑤ Oma Mariechen ist 5-mal älter als ihr Kätzchen.
Wie alt ist das Kätzchen, wenn die Oma 65 Jahre alt ist?

Rechnung: ______________________________

Antwort: ______________________________

58

Division (IV)

Name:

① **Bündle und berechne! Notiere auch den Rest!**

11 : 2 = ____ Rest ____

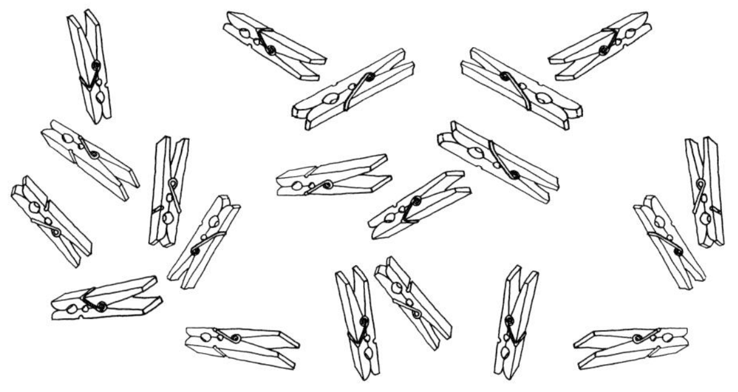

20 : 6 = ____ Rest ____

19 : 2 = ____ Rest ____

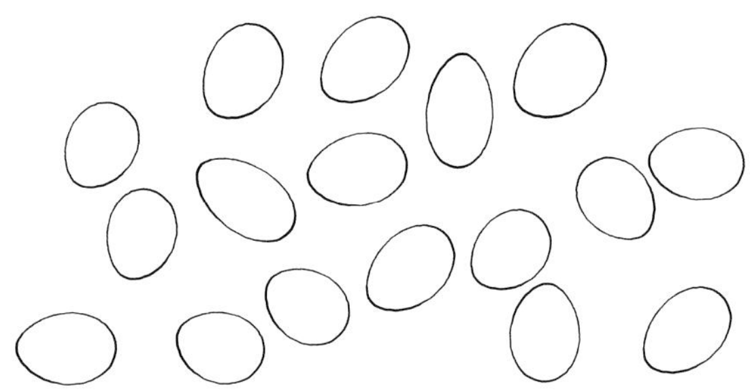

17 : 3 = ____ Rest ____

② **Berechne! Notiere auch den Rest!**

a) 14 : 4 = ____ Rest ____

26 : 6 = ____ Rest ____

18 : 4 = ____ Rest ____

b) 43 : 10 = ____ Rest ____

____ : 10 = 3 Rest 4

26 : ____ = 8 Rest 2

③ 33 Kirschen werden an 7 Kinder verteilt.
Wie viele Kirschen bekommt jedes Kind? Wie viele bleiben übrig?

Rechnung: ______________________________

Antwort: ______________________________

Lösungen

① Die Zahlen bis 10 (I)

Name:

① Trage die Zahlen ein!

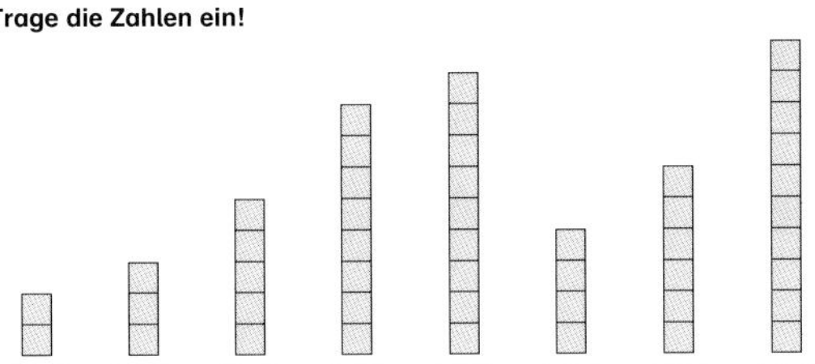

2	3	5	8	9	4	6	10

② Verbinde mit der richtigen Zahl!

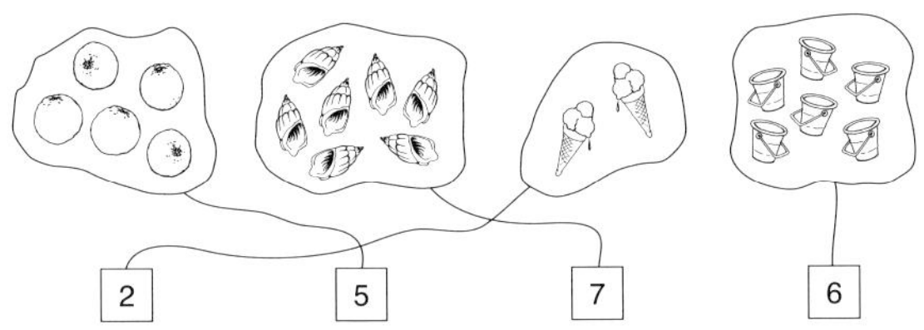

③ Finde die Nachbarzahlen! | 4 | 5 | 6 |

1	2	3
8	9	10

2	3	4
5	6	7

0	1	2
3	4	5

5

② Die Zahlen bis 10 (II)

Name:

* ① Male aus!

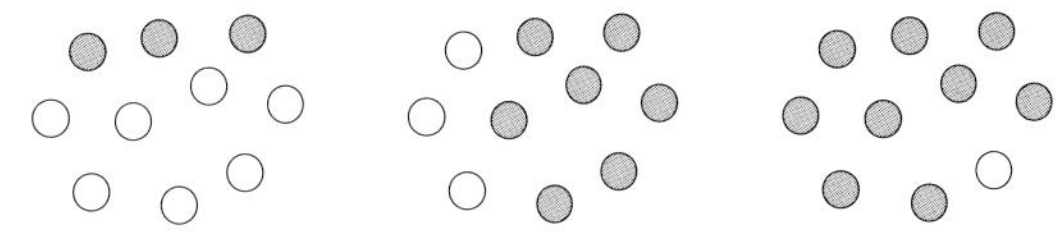

3	7	9

② Wie geht es weiter?

1 , 2 , 3 , 4 , 5 , 6 , 7 , 8 , 9 , 10

10 , 9 , 8 , 7 , 6 , 5 , 4 , 3 , 2 , 1

2 , 4 , 6 , 8 , 10

③ Schreibe die Zahlen!

||||	4	||	2	~~||||~~ ||	7	~~||||~~ ||||	9

④ Wie viele sind es zusammen?

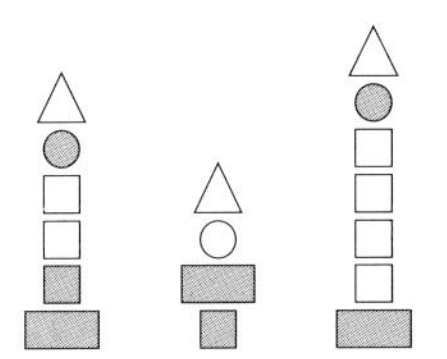

△	○	●	■	□	▬
3	1	2	2	6	3

6

③ Die Zahlen bis 20 (I)

Name:

① Wie viele? Bündle immer 5!

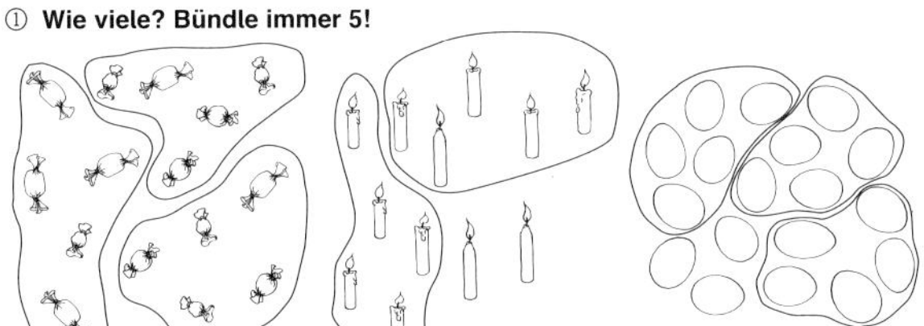

15	12	18

② Finde die Nachbarzahlen!

14	15	16	18	19	20	9	10	11

③ Schreibe weiter!

14 , 15 , 16 , 17 , 18 , 19 , 20

19 , 18 , 17 , 16 , 15 , 14 , 13 , 12 , 11 , 10 , 9 , 8

8 , 10 , 12 , 14 , 16 , 18 , 20

13 , 11 , 9 , 7 , 5 , 3 , 1

④ Berechne!

a) 15 = 10 + 5 b) 14 = 10 + 4 c) 18 = 10 + 8

17 = 10 + 7 11 = 10 + 1 20 = 10 + 10

7

④ Die Zahlen bis 20 (II)

Name:

① Male die Anzahl von beliebigen Gegenständen.

11	20	17

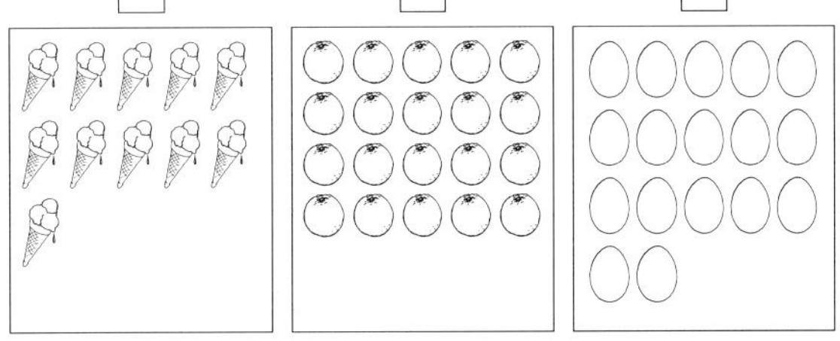

* ② Schreibe eine passende Zahl oder ein Zeichen (<, > oder =).

a) 5 < 12 b) 14 > 11 c) 19 > 0

13 > 12 18 = 18 15 < 18

20 > 10 17 < 19 20 < 21

③ Beschrifte die leeren Stellen!

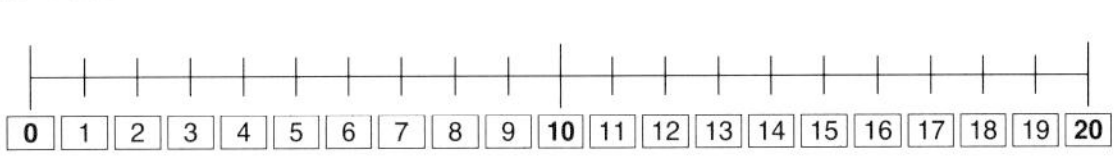

④ Schreibe die Plusaufgabe und rechne!

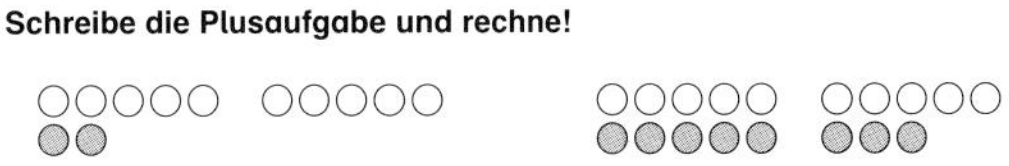

10 + 2 = 12 10 + 8 = 18

8

Lösungen

5 Die Zahlen bis 20 (III)

Name:

① Wie viele Autos sind es? Bündle immer 10!

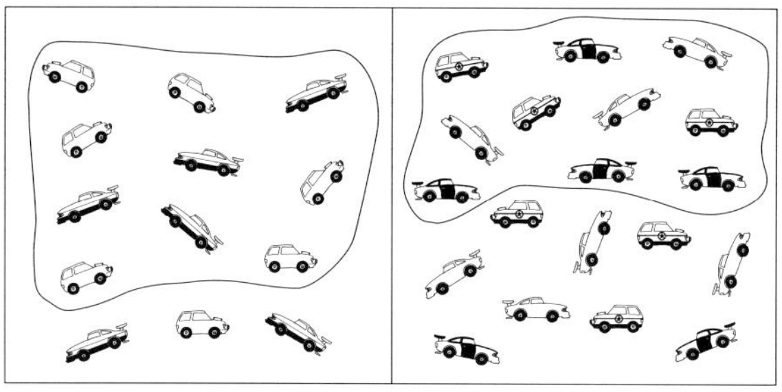

Z	E
1	3

Z	E
1	9

② Verbinde die Zahlen der Reihe nach!

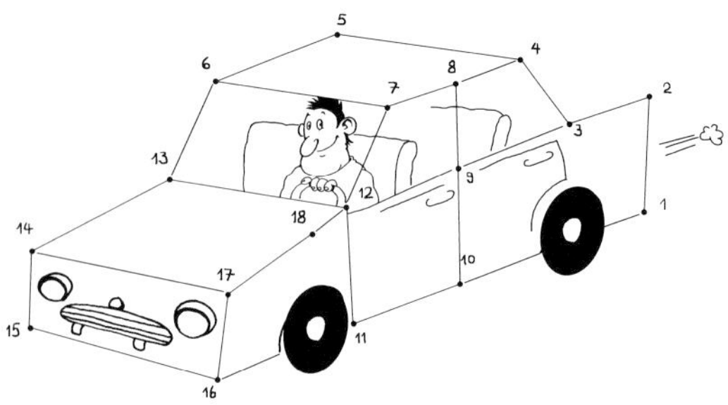

6 Addition bis 10 (I)

Name:

① Schreibe die Zahlen.

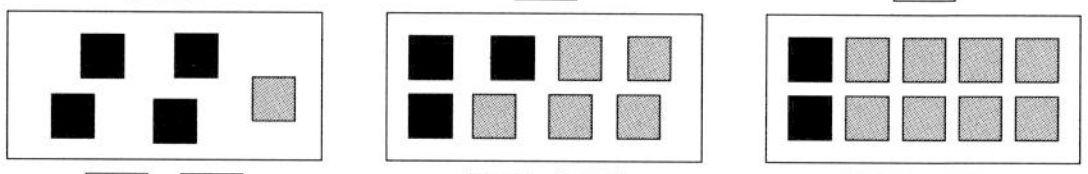

5: 4 + 1

8: 3 + 5

10: 2 + 8

② Schreibe die Aufgabe und rechne.

5 + 2 = 7

4 + 4 = 8

③ Verbinde mit dem richtigen Ergebnis.

4 + 2 — 6

3 + 4 — 7

6 + 2 — 8

2 + 3 — 5

④ Fülle die Pyramiden aus!

+	
7	
4	3

+	
10	
3	7

7 Addition bis 10 (II)

Name:

① Schreibe zu jedem Bild eine Plusaufgabe.

3 + 2 = 5

5 + 4 = 9

3 + 7 = 10

② Berechne!

5	
4	1
2	3
3	2
5	0
4	1

8	
7	1
2	6
1	7
3	5
4	4

10	
4	6
8	2
10	0
7	3
5	5

* ③ Immer 8!

a) 6 + 1 + 1

1 + 2 + 5

b) 4 + 2 + 2

3 + 3 + 2

8 Addition bis 10 (III)

Name:

① Schreibe die Aufgabe und berechne.

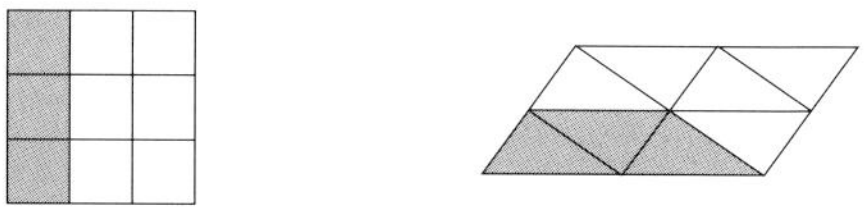

3 + 6 = 9

3 + 5 = 8

② Male mit zwei Farben an und schreibe die Aufgabe.

3 + 4 = 7

7 + 3 = 10

③ Berechne!

a) 5 + 2 = 7
2 + 2 = 4
3 + 5 = 8
8 + 1 = 9

b) 4 + 3 = 7
9 + 1 = 10
6 + 2 = 8
4 + 2 = 6

c) 6 + 4 = 10
3 + 2 = 5
4 + 2 = 6
4 + 5 = 9

④ Fülle die Pyramiden aus.

+		
7		
4	3	
2	2	1

+		
10		
5	5	
3	2	3

Lösungen

9 Addition bis 20 (I)

Name:

① Male mit zwei Farben an und berechne!

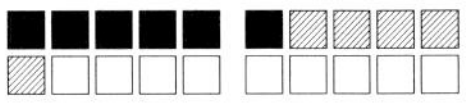

6 + 5 = 11

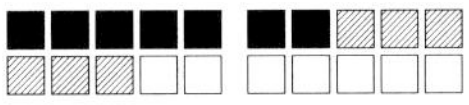

7 + 6 = 13

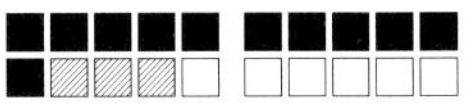

11 + 3 = 14

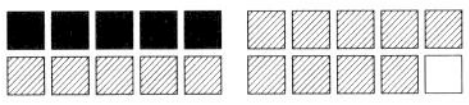

5 + 14 = 19

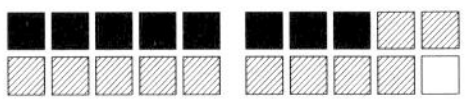

8 + 11 = 19

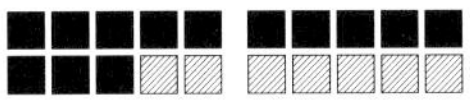

13 + 7 = 20

② Berechne!

13	
10	3
12	1
7	6
13	0
5	8

20	
12	8
10	10
17	3
14	6
9	11

17	
14	3
11	6
9	8
0	17
7	10

11	
8	3
6	5
5	6
9	2
4	7

13

10 Addition bis 20 (II)

Name:

① Zeichne Pfeile und rechne!

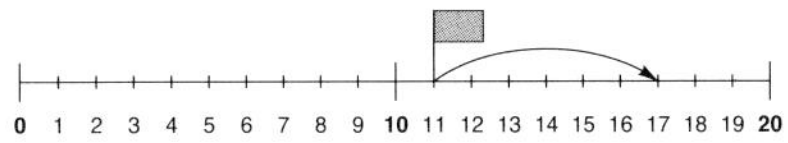

11 + 6 = 17

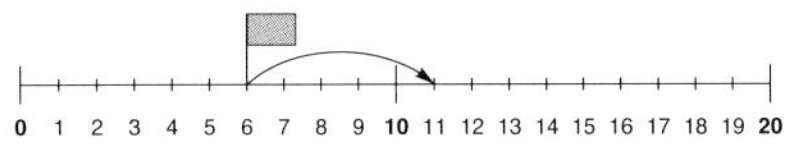

6 + 5 = 11

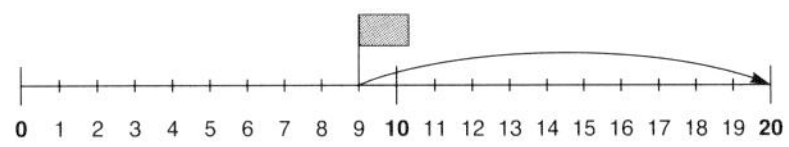

9 + 11 = 20

② Berechne!

a) 12 + 3 = 15
14 + 5 = 19
13 + 7 = 20

b) 6 + 7 = 13
10 + 10 = 20
4 + 8 = 12

c) 4 + 11 = 15
19 + 0 = 19
9 + 12 = 21

* ③ Immer 20!

a) 8 + 7 + 5
6 + 1 + 13
10 + 5 + 5

b) 7 + 7 + 6
5 + 4 + 11
2 + 8 + 10

14

11 Addition bis 20 (III)

Name:

① Verbinde mit dem richtigen Ergebnis!

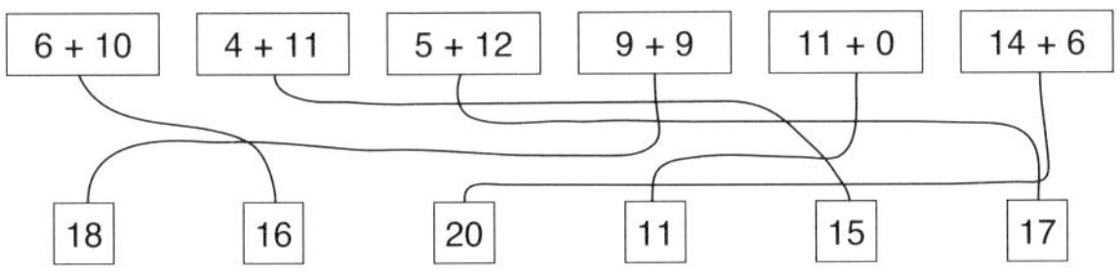

② Berechne!

a)
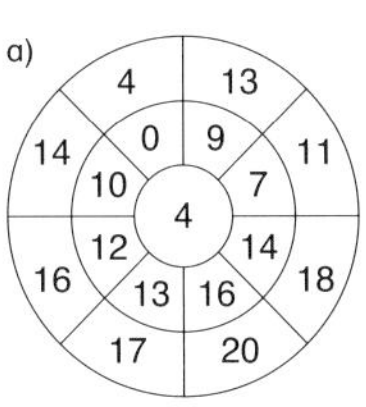

b)
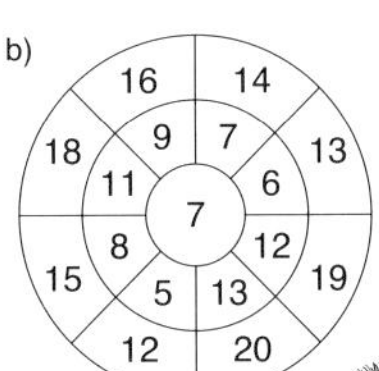

c)
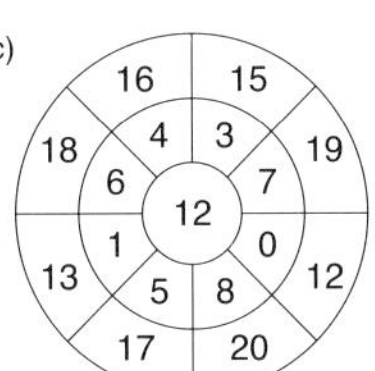

d)
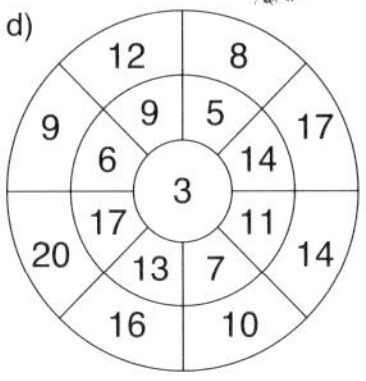

e)
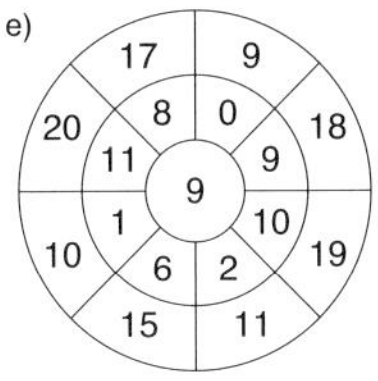

f)
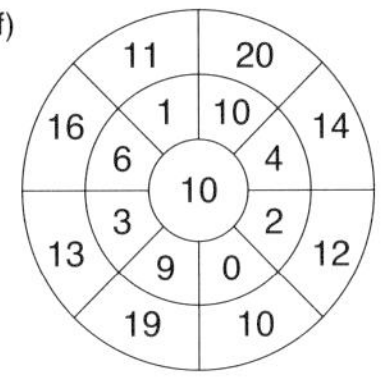

15

12 Subtraktion bis 10 (I)

Name:

① Streiche durch und rechne!

a)

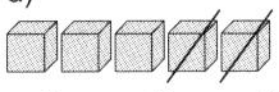

5 – 2 = 3

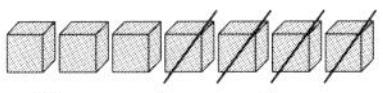

7 – 4 = 3

b)

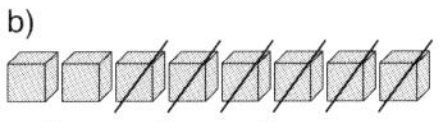

8 – 6 = 2

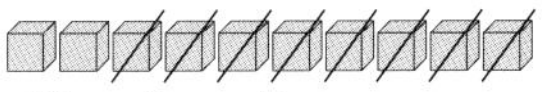

10 – 8 = 2

c)

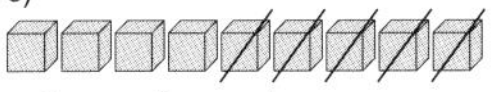

9 – 5 = 4

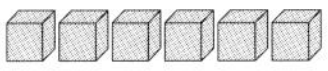

6 – 0 = 6

② Schreibe die Aufgabe und rechne!

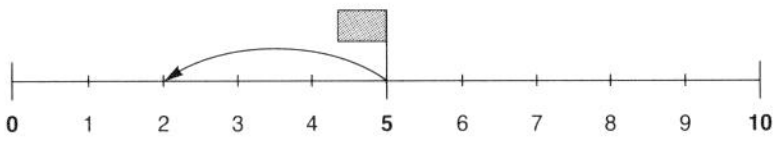

5 – 3 = 2

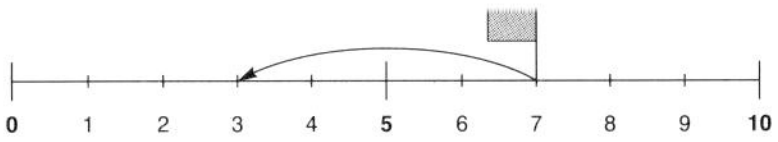

7 – 4 = 3

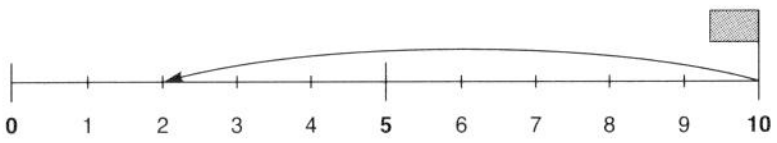

10 – 8 = 2

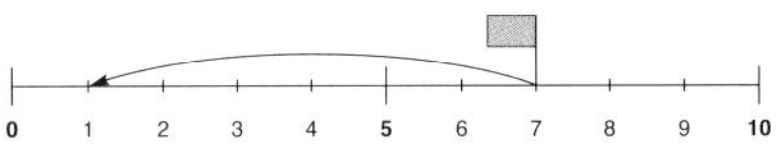

7 – 6 = 1

16

Lösungen

13 Subtraktion bis 10 (II)

Name:

① Schreibe zu jedem Bild eine Minusaufgabe und rechne.

5 – 1 = 4

9 – 3 = 6

7 – 3 = 4

② Berechne!

a)	b)	c)
4 – 3 = 1	7 – 2 = 5	6 – 5 = 1
8 – 8 = 0	10 – 5 = 5	5 – 3 = 2
3 – 2 = 1	9 – 7 = 2	8 – 7 = 1

③ Weiter geht's!

10, 9, 8, 7, 6, 5, 4, 3, 2, 1, 0

12, 10, 8, 6, 4, 2, 0

④

Jonas hat  .

Er gibt seinem Bruder  . Er hat noch 6 Euro.

14 Subtraktion bis 10 (III)

Name:

① Zeichne Pfeile und rechne!

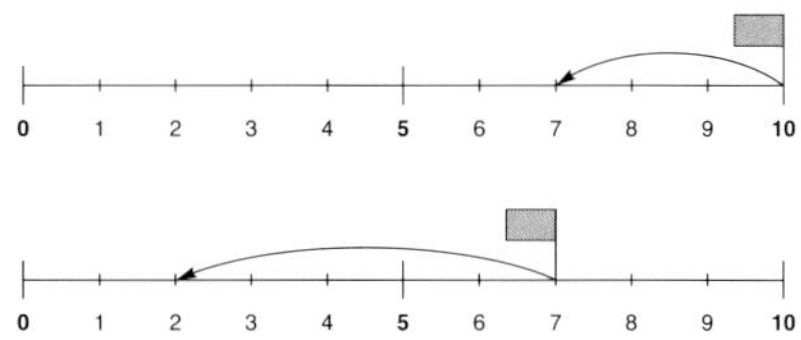
10 – 3 = 7

7 – 5 = 2

② Rechne wie im Beispiel.

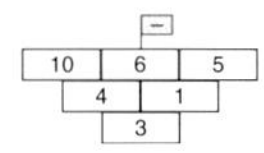

8	5	2
3	3	
0		

9	3	2
6	1	
5		

③ Berechne und male die Flaggen an!

10 – 6 = 4 8 – 3 = 5 9 – 5 = 4 6 – 4 = 2

2 = gelb
4 = rot
5 = schwarz

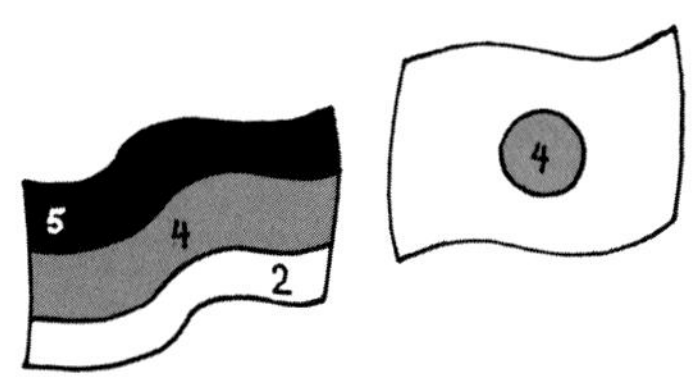

15 Subtraktion bis 20 (I)

Name:

① Zeichne Pfeile und rechne!

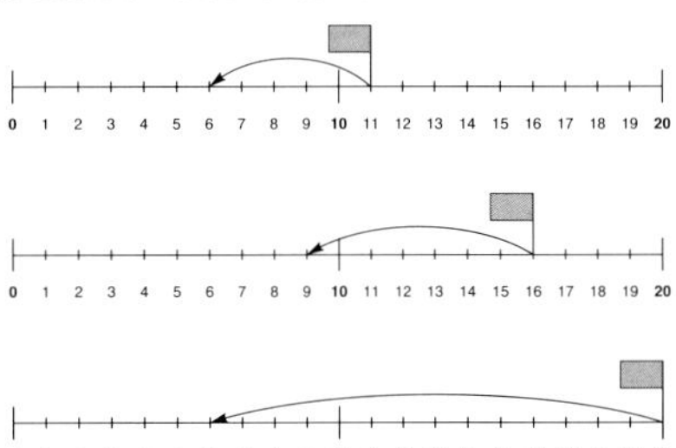
11 – 5 = 6

16 – 7 = 9

20 – 14 = 6

② Berechne!

a)	b)	c)
14 – 4 = 10	6 – 0 = 6	17 – 4 = 13
19 – 8 = 11	16 – 7 = 9	20 – 20 = 0
13 – 5 = 8	17 – 14 = 3	19 – 16 = 3

* ③ Immer 2!

a)	b)
20 – 12 – 6	15 – 7 – 6
14 – 10 – 2	18 – 8 – 8
13 – 8 – 3	20 – 18 – 0

16 Subtraktion bis 20 (II)

Name:

① Verbinde mit der richtigen Lösung.

18 – 10 | 17 – 6 | 12 – 5 | 15 – 9 | 20 – 11

7 | 6 | 9 | 11 | 8

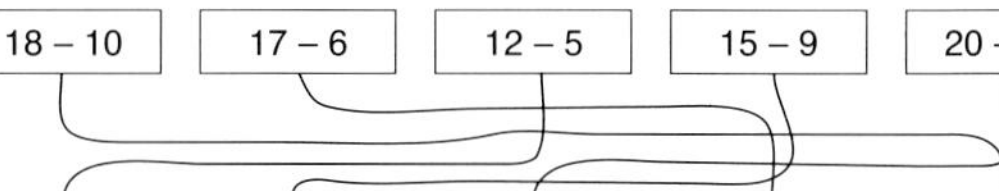

② Berechne!

a)	b)	c)
9 – 4 = 5	7 – 3 = 4	8 – 7 = 1
19 – 4 = 15	17 – 3 = 14	18 – 17 = 1

③ Berechne!

6		
20	–	14
17	–	11
8	–	2
12	–	6
15	–	9

4		
12	–	8
13	–	9
19	–	15
17	–	13
11	–	7

8		
20	–	12
8	–	0
11	–	3
16	–	8
19	–	11

④ Berechne!

a)	b)	c)
8 – 3 = 5	20 – 12 = 8	15 – 10 = 5
17 – 6 = 11	18 – 17 = 1	16 – 0 = 16

Lösungen

17 Addition und Subtraktion bis 20 (I)

Name:

① Fülle aus!

(+)

	14		
	9	5	
7	2	3	

(+)

	19	
8	11	
3	5	6

② Fülle aus!

(+)

	20	
9	11	
5	4	7

(−)

12	7	4
5	3	
	2	

③ Fülle aus!

(−)

20	10	4
10	6	
	4	

(−)

17	8	1
9	7	
	2	

④ Fülle aus!

(−)

14	4	3
10	1	
	9	

(−)

12	3	2
9	1	
	8	

18 Addition und Subtraktion bis 20 (II)

Name:

① Wie viele? Schreibe als Plusaufgabe.

a)

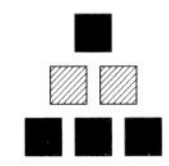

3 + 2 + 1 = 6

b)

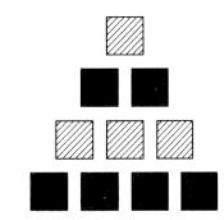

4 + 3 + 2 + 1 = 10

c)

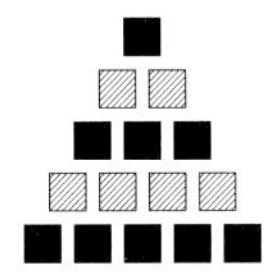

5 + 4 + 3 + 2 + 1 = 15

d)

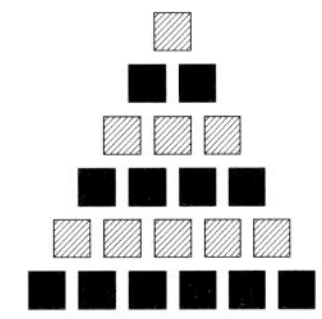

6 + 5 + 4 + 3 + 2 + 1 = 21

② Berechne!

a) 12 + 3 = 15
16 − 4 = 12
15 + 5 = 20

b) 11 + 8 = 19
11 − 5 = 6
18 − 18 = 0

c) 14 + 4 = 18
19 − 3 = 16
2 + 15 = 17

③ Weiter geht's!

0, 4, 8, 12, 16, 20

20, 17, 14, 11, 8, 5, 2

1, 2, 4, 7, 11, 16

19 Addition und Subtraktion bis 20 (III)

Name:

① Berechne!

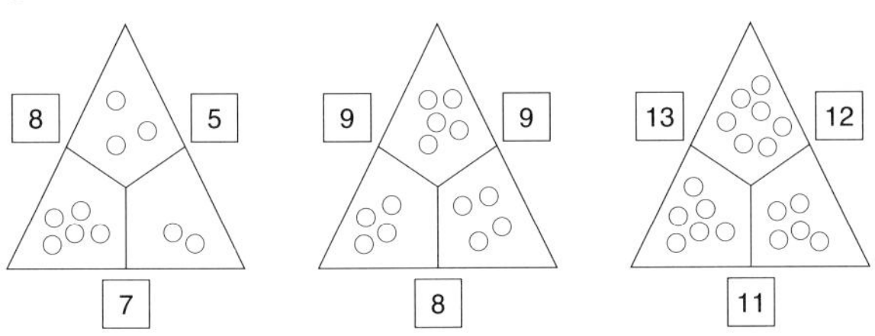

② Berechne!

+	1	4	6
3	4	7	9
5	6	9	11
7	8	11	13

+	1	8	9
1	2	9	10
8	9	16	17
9	10	17	18

−	5	8	11
20	15	12	9
17	12	9	6
11	6	3	0

③ Berechne!

a) 11 + 4 = 15
15 − 4 = 11

b) 18 − 3 = 15
15 + 3 = 18

c) 20 − 12 = 8
8 + 12 = 20

④

Die Zahl heißt 6.

20 Die Zeit (I)

Name:

① Verbinde mit dem passenden Monat!

14.3. — März

27.1. — Januar

24.12. — Dezember

20.7. — Juli

② Sortiere! Beginne mit dem frühsten Datum im Jahr!

28.5.	11.6.	5.1.	29.12.	27.9.
5.1.	28.5.	11.6.	27.9.	29.12.

* ③ Notiere die Uhrzeit!

Es ist 2 Uhr.

Es ist 8 Uhr.

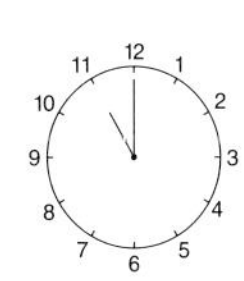

Es ist 11 Uhr.

④ Trage ein!

Ich habe am ________________ Geburtstag.

Ich bin ______ Jahre alt.

Lösungen

21 Die Zeit (II)

Name:

① **Weiter geht's!**

Montag, Dienstag, Mittwoch, Donnerstag, Freitag, Samstag, Sonntag

Frühling, Sommer, Herbst, Winter

Januar, Februar, März, April, Mai, Juni, Juli, August, September, Oktober, November, Dezember

② **Schreibe weiter!**

Heute ist Mittwoch!

Morgen ist Donnerstag .

Gestern war Dienstag .

③ **Zeichne den kleinen Zeiger ein!**

3 Uhr   9 Uhr   12 Uhr

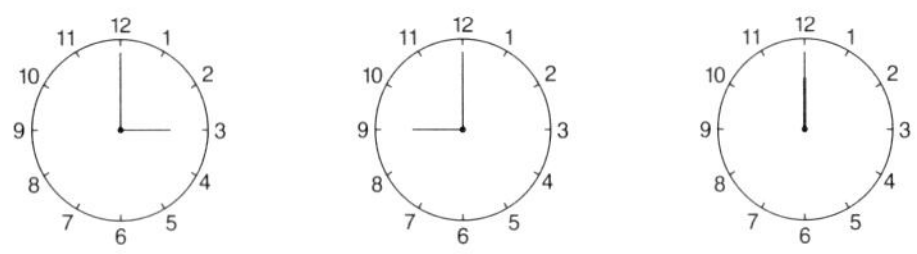

④ **Male diese Tage im Kalender farbig an!**

4.12.   Heiligabend   Nikolaus   20.12.   15.12.   Silvester

DEZEMBER

MO	DI	MI	DO	FR	SA	SO
1	2	3	(4)	5	(6)	7
8	9	10	11	12	13	14
(15)	16	17	18	19	(20)	21
22	23	(24)	25	26	27	28
29	30	(31)				

25

22 Geld (I)

Name:

① **Verbinde mit der passenden Münze.**

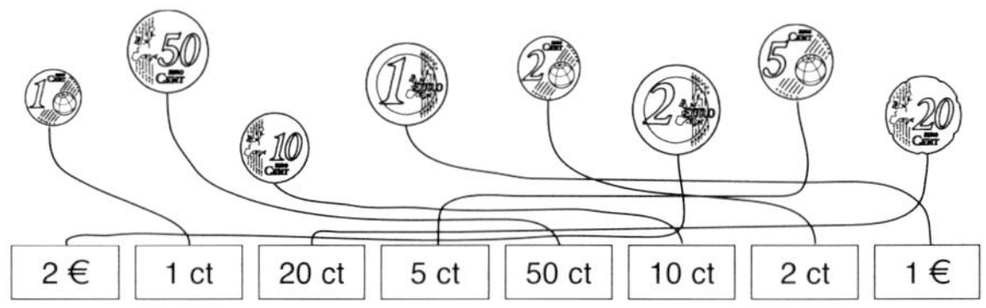

* ② **Male die Münzen!**

7 ct   18 ct   46 ct

③ **Berechne!**

a) 5 ct + 2 ct = 7 ct

2 € + 1 € = 3 €

5 € + 3 € = 8 €

15 ct + 5 ct = 20 ct

b) 12 ct + 7 ct = 19 ct

3 € + 2 € = 5 €

2 € + 5 € = 7 €

13 ct + 7 ct = 20 ct

26

23 Geld (II)

Name:

① **Wie viel Geld?**

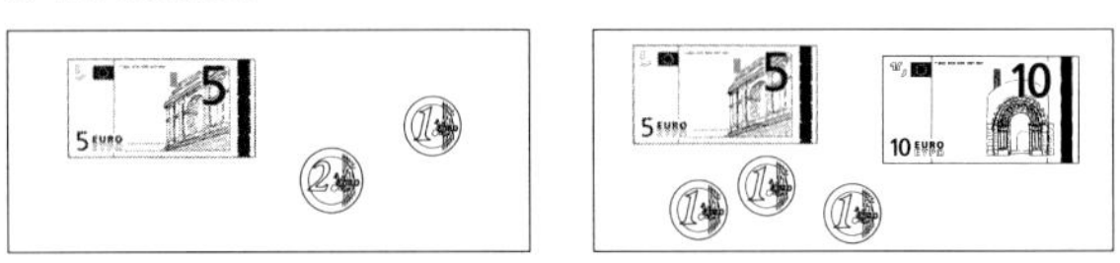

5 € + 2 € + 1 € = 8 €

5 € + 10 € + 1 € + 1 € + 1 € = 18 €

② **Schreibe Plusaufgaben und rechne!**

4 € + 9 € = 13 €

7 € + 13 € = 20 €

11 € + 4 € = 15 €

7 € + 9 € = 16 €

11 € + 9 € = 20 €

4 € + 13 € = 17 €

27

24 Figuren

Name:

① **Zeichne nach!**

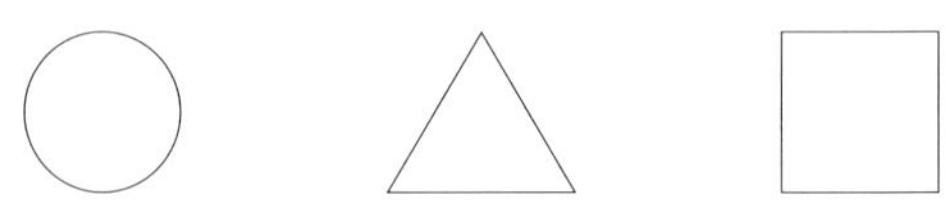

② **Verbinde gleiche Formen.**

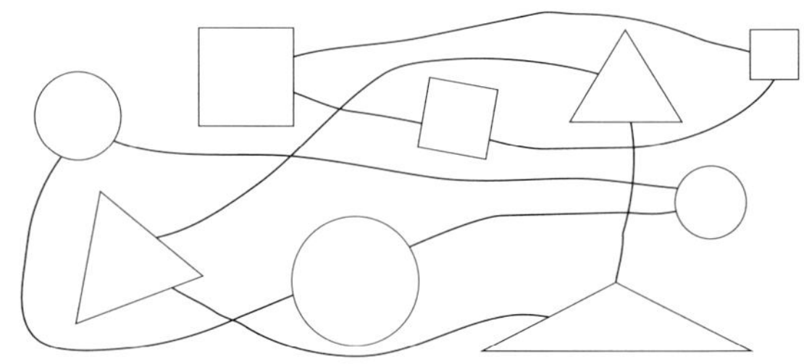

③ **Zeichne weiter!**

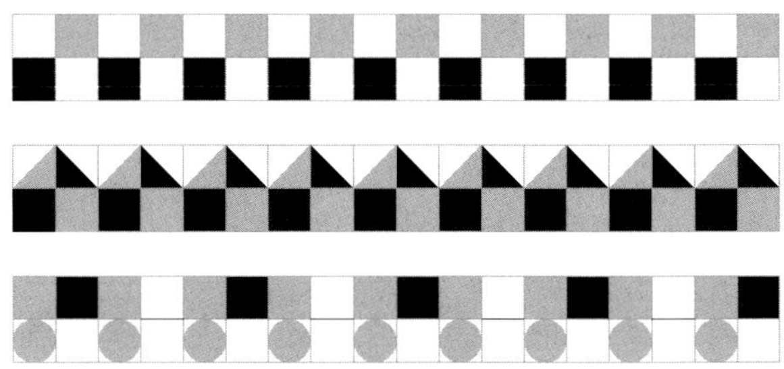

28

Lösungen

25 Die Zahlen bis 100 (I)

Name:

7 100 36 54

① Wie viele Kästchen sind markiert?

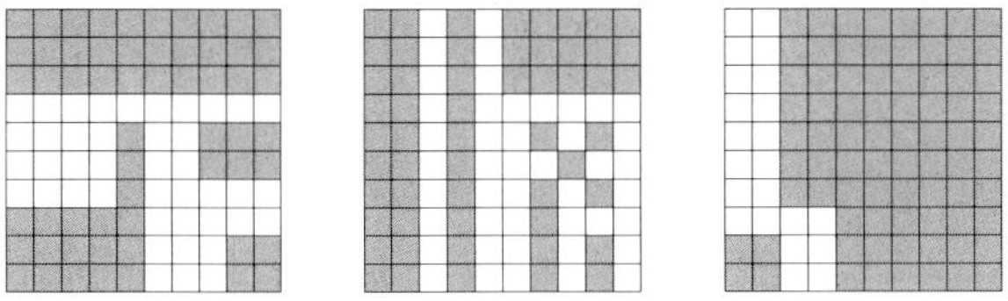

58 — 55 — 78

② Wie viel insgesamt?

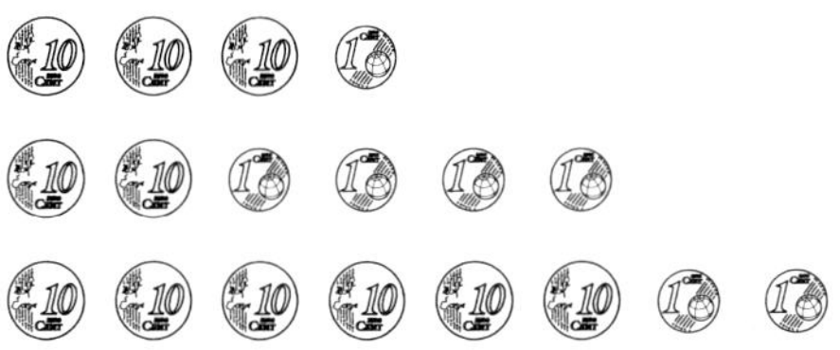

Z	E
3	1

Z	E
2	4

Z	E
6	2

* ③ Immer 39! Zeichne auf verschiedene Arten farbig ein.

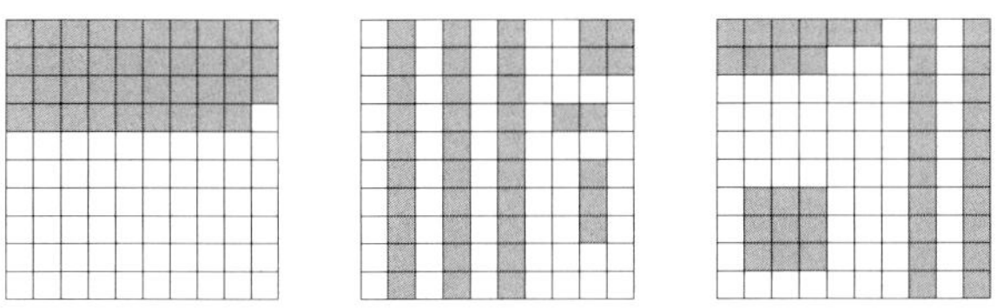

29

26 Die Zahlen bis 100 (II)

Name:

7 100 36 54

① Fülle die leeren Felder aus!

1	2	3	**4**	5	6	7	**8**	9	10
11	12	13	**14**	15	**16**	**17**	18	19	20
21	22	23	**24**	**25**	**26**	27	**28**	29	30
31	32	33	34	35	36	37	38	39	40
41	42	43	44	**45**	46	47	48	**49**	**50**
51	52	53	54	55	56	**57**	58	59	60
61	62	**63**	64	**65**	66	67	68	69	**70**
71	**72**	73	74	75	76	77	78	79	80
81	82	**83**	84	85	86	**87**	**88**	89	90
91	92	93	**94**	95	96	**97**	98	**99**	**100**

1	**2**	**3**	**4**	5	6	7	8	9	10
11	12	13	14	15	16	17	18	19	**20**
21	**22**	23	24	25	26	27	**28**	29	**30**
31	**32**	33	34	**35**	36	**37**	**38**	39	**40**
41	42	43	44	45	**46**	47	**48**	49	50
51	52	53	54	**55**	56	57	58	**59**	60
61	62	63	**64**	**65**	66	67	**68**	69	70
71	72	**73**	74	75	**76**	77	**78**	79	80
81	**82**	83	84	85	86	**87**	**88**	**89**	**90**
91	92	**93**	**94**	**95**	**96**	97	**98**	99	100

② Weiter geht's!

1 , 2 , 3 , 4 , 5 , 6 , 7 , 8 , 9 , 10

41 , 42 , 43 , 44 , 45 , 46 , 47 , 48 , 49 , 50

73 , 74 , 75 , 76 , 77 , 78 , 79 , 80 , 81 , 82

70 , 69 , 68 , 67 , 66 , 65 , 64 , 63 , 62 , 61

10 , 20 , 30 , 40 , 50 , 60 , 70 , 80 , 90 , 100

6 , 12 , 18 , 24 , 30 , 36 , 42 , 48 , 54 , 60

③ Ordne die Zehnerzahlen der Größe nach. Beginne mit der größten Zahl!

70 50 90 10 20 100 80 30 60 40

100, 90, 80, 70, 60, 50, 40, 30, 20, 10

30

27 Die Zahlen bis 100 (III)

Name:

7 100 36 54

① Schreibe wie auf dem Hunderterfeld.

42	43	44

98	99	100

38	39	40

	8	
17	18	19

	78	79	80
87	88	89	

45	46	47
55	56	57
65	66	67

* ② Schreibe die fehlenden Zahlen oder Zeichen (<, > oder =).

a)	17	>	11	b)	28	<	37	c)	100	>	14
	55	>	50		29	=	29		86	<	87
	77	>	29		6	<	13		47	<	85

③ Wie heißen die Zahlen? Schreibe in die Fahnen!

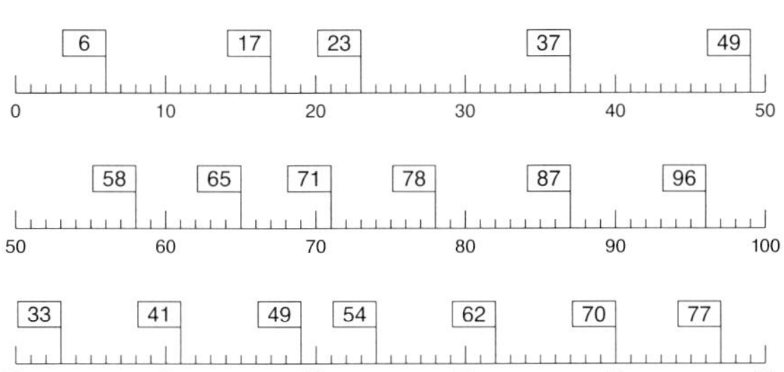

31

28 Die Zahlen bis 100 (IV)

Name:

7 100 36 54

① Wie heißen die Zahlen? Schreibe in die Kästchen.

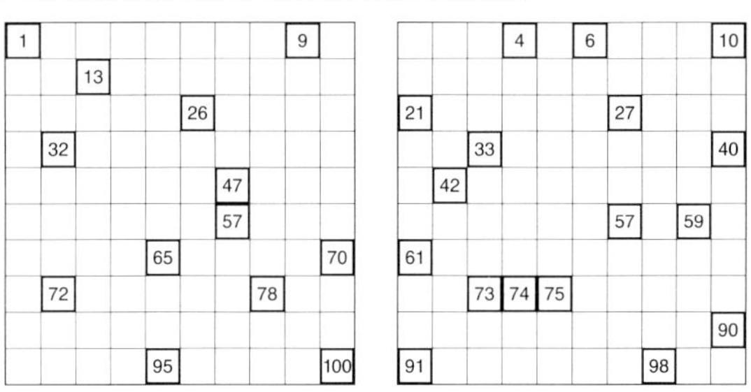

② Notiere den Nachbarzehner!

10	20	30

50	60	70

70	80	90

③ Wohin geht es auf dem Hunderterfeld? Schreibe wie im Beispiel! 22 → 23 76 ↓ 86

12 → 13 23 ↓ 33 5 ↓ 15 89 → 90

99 → 100 65 ↑ 55 42 → 43 61 ↓ 71

④ Schreibe als Ziffern!

Elf: 11 Zwanzig: 20 Neun: 9

Vierunddreißig: 34 Dreiundachtzig: 83

Siebenundfünfzig: 57 Hundert: 100

32

Lösungen

(29) Einstellige Zahlen ohne Zehnerübergang

Name:

① **Male die Aufgabe und rechne!**

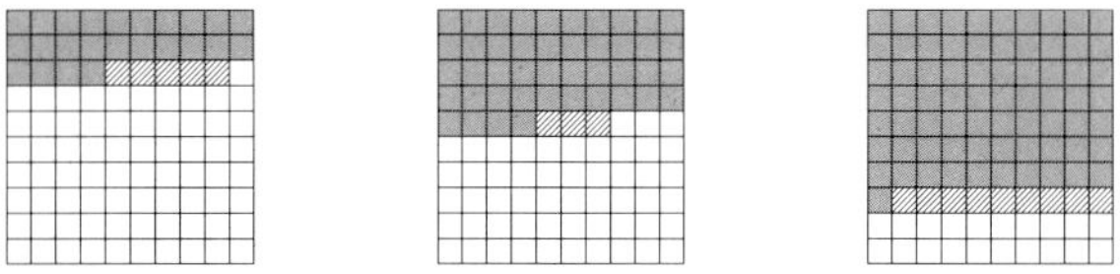

24 + 5 = 29  44 + 3 = 47 71 + 9 = 80

② **Berechne!**

a) 23 + 3 = 26 b) 54 + 1 = 55 c) 83 + 0 = 83

92 + 7 = 99 71 + 9 = 80 62 + 5 = 67

44 + 6 = 50 56 + 4 = 60 91 + 9 = 100

③ **Berechne!**

a) 28 – 3 = 25 b) 46 – 4 = 42 c) 77 – 6 = 71

99 – 5 = 94 86 – 4 = 82 39 – 1 = 38

68 – 0 = 68 100 – 6 = 94 58 – 8 = 50

④ **Fülle aus!**

+

49

44 | 5

41 | 3 | 2

–

89 | 5 | 1

84 | 4

80

33

(30) Zehnerzahlen

Name:

① **Berechne!**

a) 34 + 10 = 44 b) 89 – 30 = 59 c) 44 + 50 = 94

98 – 70 = 28 65 – 60 = 5 78 + 20 = 98

70 + 30 = 100 41 + 30 = 71 99 – 50 = 49

② Steffi kauft für ihre Kaninchen Möhren für 30 Cent.
Sie bezahlt mit einem 50-Cent-Stück.
Wie viel Cent bekommt sie zurück?

Rechnung: 50 ct – 30 ct = 20 ct

Antwort: Steffi bekommt 20 ct zurück.

③ **Ordne für das Hunderterfeld richtig zu!**

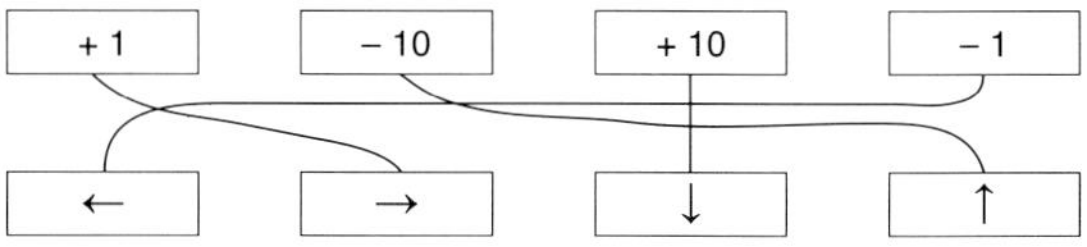

④ **Berechne!**

+	20	50	30
27	47	77	57
46	66	96	76
18	38	68	48

–	10	80	50
95	85	15	45
82	72	2	32
100	90	20	50

+	0	60	40
4	4	64	44
31	31	91	71
29	29	89	69

34

(31) Einstellige Zahlen mit Zehnerübergang

Name:

① **Zeichne die Aufgaben mit Pfeilen ein und berechne.**

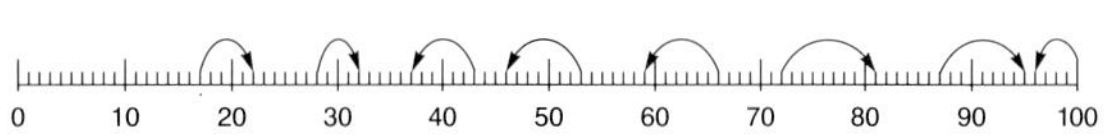

28 + 4 = 32 43 – 6 = 37 87 + 8 = 95 66 – 7 = 59

17 + 5 = 22 53 – 7 = 46 100 – 4 = 96 72 + 9 = 81

② **Berechne!**

a) 46 + 8 = 54 b) 36 – 7 = 29 c) 14 + 9 = 23

84 – 8 = 76 24 – 5 = 19 83 + 8 = 91

57 + 6 = 63 47 + 7 = 54 85 – 8 = 77

93 – 7 = 86 55 – 8 = 47 43 + 9 = 52

③ Tom kauft für 25 Cent und für 9 Cent Süßigkeiten.
Wie viel Cent muss er bezahlen?

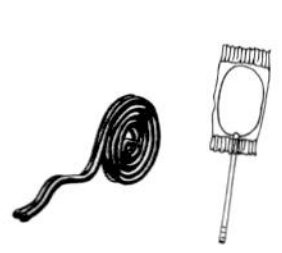

Rechnung: 25 ct + 9 ct = 34 ct

Antwort: Tom muss 34 ct bezahlen.

④ **Verbinde mit der richtigen Lösung.**

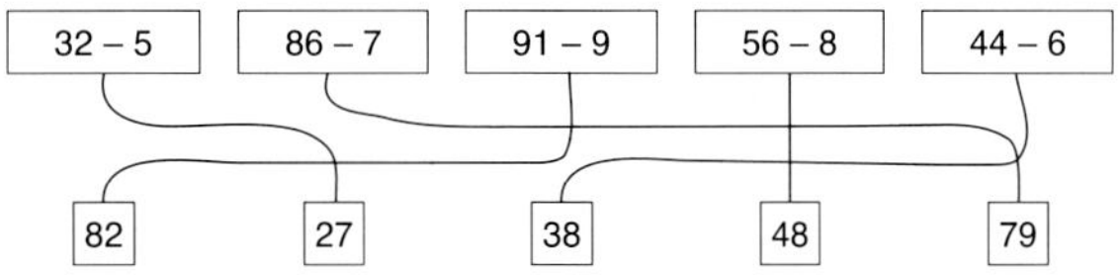

35

(32) Vermischte Übungen

Name:

① **Berechne!**

a) 42 + 6 + 7 = 55 b) 85 + 5 + 7 = 97 c) 28 + 9 + 8 = 45

54 – 6 – 5 = 43 93 – 7 – 9 = 77 36 – 3 – 8 = 25

83 – 6 + 4 = 81 65 – 7 + 4 = 62 71 – 0 + 9 = 80

② **Wie viel Geld insgesamt? Schreibe als Plusaufgabe.**

a)

10 € + 5 € + 2 € + 2 € + 2 € + 1 € + 1 € + 1 € = 24 €

b)

50 ct + 10 ct + 10 ct + 5 ct + 5 ct + 5 ct + 2 ct + 2 ct + 1 ct = 90 ct

* ③ Andreas kauft eine Jacke für 75 €. Mit welchen Scheinen und Münzen kann er bezahlen? Kreuze mehrere Möglichkeiten an. Du kannst auch mehrere Kreuze in einem Kästchen machen.

50 €	20 €	10 €	5 €	2 €	1 €
x		xx	x		
x	x		x		
x	x			xx	x
	xxx	x	x		

36

Lösungen

33 Zweistellige Zahlen ohne Zehnerübergang (I)

Name:

① **Berechne!**

32 + 27 — 32 → (+ 20) → 52 → (+ 7) → 59

45 + 32 — 45 → (+ 30) → 75 → (+ 2) → 77

64 + 25 — 64 → (+ 20) → 84 → (+ 5) → 89

② **Berechne!**

+	25	41	35
24	49	65	59
41	66	82	76
53	78	94	88

+	35	22	66
32	67	54	98
13	48	35	79
24	59	46	90

+	35	27	45
42	77	69	87
54	89	81	99
31	66	58	76

③ Peter hat von seinem Taschengeld ein Heft für 53 Cent und einen Stift für 36 Cent gekauft. Wie viel Geld muss Peter bezahlen?

Rechnung: 53 ct + 36 ct = 89 ct

Antwort: Peter muss 89 ct bezahlen.

④ **Was ist falsch? Streiche durch und schreibe die richtige Lösung.**

36 + 33 = ~~59~~ 69	43 + 25 = ~~67~~ 68	27 + 31 = 58
58 + 21 = 79	44 + 45 = 89	74 + 24 = ~~88~~ 98

37

34 Zweistellige Zahlen ohne Zehnerübergang (II)

Name:

① **Berechne!**

48 – 36 — 48 → (– 30) → 18 → (– 6) → 12

27 – 15 — 27 → (– 10) → 17 → (– 5) → 12

89 – 48 — 89 → (– 40) → 49 → (– 8) → 41

② **Fülle aus!**

–	23	35	46
48	25	13	2
66	43	31	20
79	56	44	33

–	31	45	56
56	25	11	0
98	67	53	42
87	56	42	31

–	16	34	47
99	83	65	52
48	32	14	1
77	61	43	30

③ Anastasia hatte 48 € Guthaben auf ihrem Handy. An einem Tag hat sie insgesamt 14 € vertelefoniert. Für wie viel Euro kann sie noch telefonieren?

Rechnung: 48 € – 14 € = 34 €

Antwort: Sie kann noch für 34 € telefonieren.

④ **Was ist falsch? Streiche durch und schreibe die richtige Lösung.**

78 – 46 = 32	89 – 78 = ~~21~~ 11	45 – 5 = 40
56 – 24 = ~~22~~ 32	68 – 33 = ~~45~~ 35	93 – 41 = 52

38

35 Zweistellige Zahlen ohne Zehnerübergang (III)

Name:

① **Berechne!**

a) 25 + 13 = 38
66 – 21 = 45
51 + 39 = 90

b) 48 – 37 = 11
78 – 35 = 43
21 + 57 = 78

c) 81 + 19 = 100
43 + 44 = 87
69 – 48 = 21

② Maria kauft Kaugummis für 40 Cent und Bonbons für 38 Cent. Sie zahlt mit zwei 50-Cent-Stücken. Wie viel Cent bekommt sie zurück?

Rechnung: 40 ct + 38 ct = 78 ct;
100 ct – 78 ct = 22 ct

Antwort: Sie bekommt 22 ct zurück.

③ Jonas hat 39 Cent in seinem Geldbeutel. Seine Oma schenkt ihm 50 Cent. Für 39 Cent kauft er sich einen Comic. Danach hat er noch 48 Cent im Geldbeutel.
Kann das stimmen?

Rechnung: 39 ct + 50 ct = 89 ct; 89 ct – 39 ct = 50 ct

Antwort: Nein, er müsste noch 50 ct haben.

④ **Berechne!**

Zahlenmauer (+):

99
55 | 44
13 | 42 | 2

Zahlenmauer (–):

88 | 35 | 14
53 | 21
32

39

36 Zweistellige Zahlen mit Zehnerübergang (I)

Name:

① **Schreibe die Plusaufgaben und rechne.**

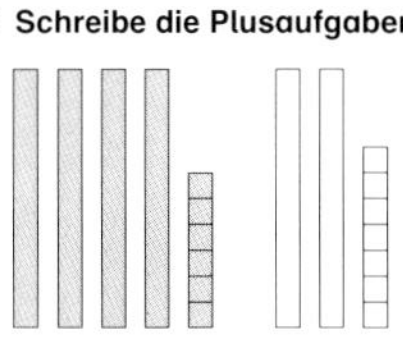

46 + 27 = 73

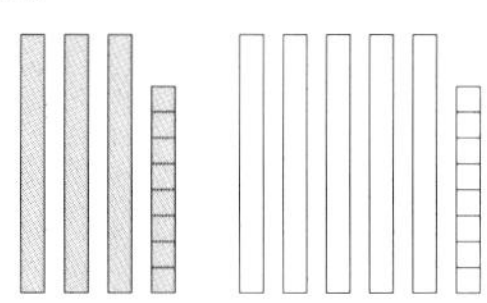

38 + 58 = 96

② **Berechne!**

a) 14 + 17 = 31
78 + 14 = 92
54 + 37 = 91

b) 38 + 25 = 63
49 + 51 = 100
58 + 13 = 71

c) 46 + 14 = 60
86 + 9 = 95
69 + 26 = 95

③ Steffen hat 27 Murmeln gesammelt. Von seinem Opa bekommt er noch 36. Wie viele Murmeln hat er jetzt?

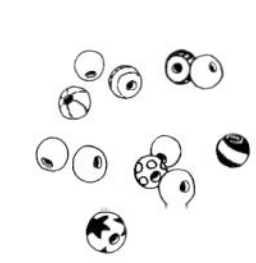

Rechnung: 27 + 36 = 63

Antwort: Steffen hat jetzt 63 Murmeln.

④ **Fülle aus!**

+	24	38	55
26	50	64	81
37	61	75	92
18	42	56	73

+	45	9	14
19	64	28	33
46	91	55	60
38	83	47	52

+	27	16	19
19	46	35	38
66	93	82	85
18	45	34	37

40

Lösungen

37 Zweistellige Zahlen mit Zehnerübergang (II)

Name:

① **Berechne!**

53 – 27	53 →(– 20)	33 →(– 7)	26
46 + 38	46 →(+ 30)	76 →(+ 8)	84
28 + 47	28 →(+ 40)	68 →(+ 7)	75
85 – 39	85 →(– 30)	55 →(– 9)	46

② **Berechne!**

a) 43 – 25 = 18
19 + 78 = 97
54 – 37 = 17

b) 53 – 17 = 36
31 – 16 = 15
47 – 18 = 29

c) 88 – 39 = 49
28 + 69 = 97
63 – 58 = 5

③ Evi hat schon 37 € für neue Schlittschuhe gespart.
Wie viel Euro fehlen ihr noch?

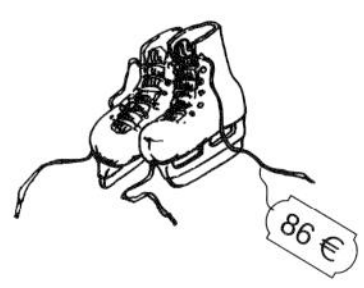

Rechnung: 86 € – 37 € = 49 €

Antwort: Evi fehlen noch 49 €.

④ **Zeichne die Aufgaben mit Pfeilen ein und berechne!**

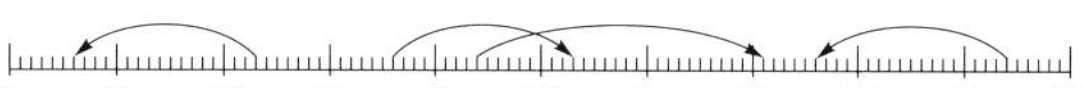

36 + 17 = 53 44 + 27 = 71 23 – 17 = 6 94 – 18 = 76

41

38 Zweistellige Zahlen mit Zehnerübergang (III)

Name:

① **Berechne!**

+

		64			
	29		35		
13		16		19	

–

92		47		21	
	45		26		
		19			

② 45 + 36 + 17 = 98 96 – 17 – 38 = 41

③ Wie viele Schüler gehen insgesamt in die 1. Klasse?

Klasse 1a	25 Schüler
Klasse 1b	26 Schüler
Klasse 1c	19 Schüler
Klasse 1d	28 Schüler

Rechnung: 25 + 26 + 19 + 28 = 98

Antwort: Insgesamt gehen 98 Schüler in die 1. Klasse.

④ **Wie heißt die Zahl?**

a) Ich denke mir eine Zahl. Sie ist um 15 kleiner als 53.

53 – 15 = 38. Die Zahl heißt 38.

b) Ich denke mir eine andere Zahl. Sie ist um 37 größer als 48.

48 + 37 = 85. Die Zahl heißt 85.

⑤ **Welche Aufgaben haben das Ergebnis 100? Kreuze an!**

- ☒ 24 + 17 + 26 + 33
- ☐ 38 + 12 + 17 + 18 + 14
- ☒ 23 – 14 + 31 + 46 + 14

42

39 Einführung in die Multiplikation

Name:

① **Schreibe als Malaufgabe und berechne!**

4 + 4 + 4 = 3 · 4 = 12
6 + 6 + 6 + 6 = 4 · 6 = 24
2 + 2 + 2 + 2 + 2 + 2 = 6 · 2 = 12
8 + 8 = 2 · 8 = 16
3 + 3 + 3 + 3 + 3 = 5 · 3 = 15
10 + 10 + 10 + 10 = 4 · 10 = 40

* ② **Finde die passende Malaufgabe und rechne!**

3 · 4 = 12

2 · 5 = 10

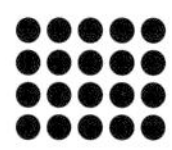

4 · 5 = 20

③ **Male die Aufgaben wie in Aufgabe 2 auf ein extra Blatt und rechne.**

a) 2 · 3 = 6
7 · 2 = 14

b) 9 · 1 = 9
6 · 3 = 18

c) 5 · 4 = 20
10 · 8 = 80

④ In einem Limonadenkasten stehen in jeder Reihe 4 Flaschen. Insgesamt sind es 3 Reihen.
a) Zeichne die Anordnung im Kasten. Du kannst für die Flaschen Punkte oder Kreise benutzen.
b) Wie viele Flaschen sind im Kasten? Schreibe eine Malaufgabe und berechne!

Zeichnung:

Rechnung: 3 · 4 = 12 Antwort: Im Kasten sind 12 Flaschen.

43

40 Multiplikation mit 2, 4 und 8 (I)

Name:

① **Schreibe zwei verschiedene Malaufgaben und rechne!**

a) 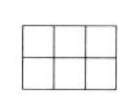

2 · 3 = 6 3 · 2 = 6

b) 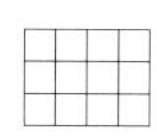

3 · 4 = 12 4 · 3 = 12

c) 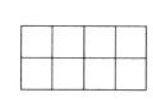

2 · 4 = 8 4 · 2 = 8

d) 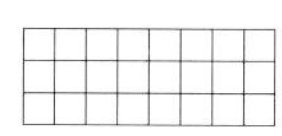

3 · 8 = 24 8 · 3 = 24

② **Berechne!**

a) 4 · 2 = 8
5 · 8 = 40
1 · 8 = 8

b) 5 · 2 = 10
0 · 4 = 0
3 · 8 = 24

c) 8 · 2 = 16
10 · 4 = 40
8 · 8 = 64

③ Autohaus Müller hat heute 5 Autos mit Winterreifen ausgestattet.
Wie viele Winterreifen sind das insgesamt?

Rechnung: 5 · 4 = 20

Antwort: Es sind insgesamt 20 Winterreifen.

④ Opa Johann hat 5 Hasen und 3 Hühner.
Wie viele Beine haben die Tiere insgesamt?

Rechnung: 5 · 4 + 3 · 2 = 20 + 6 = 26

Antwort: Die Tiere haben insgesamt 26 Beine.

44

41 Multiplikation mit 2, 4 und 8 (II)

Name:

① Berechne!

· 2	
1	2
4	8
8	16
10	20

· 4	
0	0
3	12
5	20
8	32

· 8	
2	16
6	48
7	56
9	72

* ② Schreibe zu jedem Ergebnis eine Malaufgabe mit 2, 4 oder 8!

a) 20 = 4 · 5
64 = 8 · 8
40 = 4 · 10
0 = 2 · 0

b) 16 = 4 · 4
36 = 4 · 9
56 = 8 · 7
8 = 4 · 2

c) 12 = 3 · 4
80 = 2 · 40
48 = 8 · 6
24 = 4 · 6

③ Im Sportunterricht werden Gruppen mit jeweils vier Kindern gebildet. Insgesamt werden sechs Gruppen gebildet. Wie viele Kinder sind in der Klasse?

Rechnung: 4 · 6 = 24

Antwort: In der Klasse sind 24 Kinder.

④ Bei einem Wettkampf der Ruderer nehmen sieben Boote teil. In jedem Boot sitzen acht Ruderer. Wie viele Ruderer sind das insgesamt?

Rechnung: 7 · 8 = 56

Antwort: Es sind insgesamt 56 Ruderer.

45

42 Multiplikation mit 5 und 10

Name:

① Schreibe als Malaufgabe und rechne!

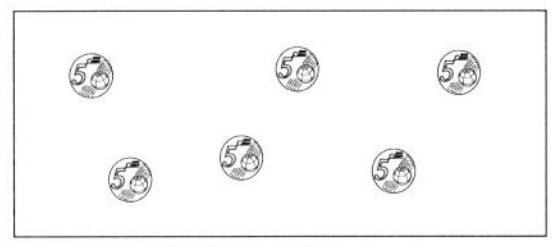

6 · 5 ct = 30 ct

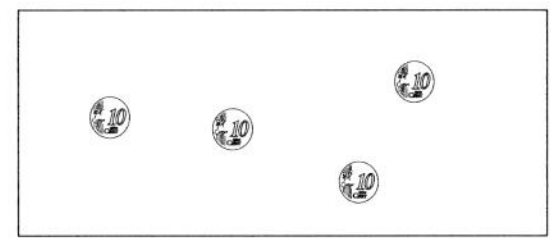

4 · 10 ct = 40 ct

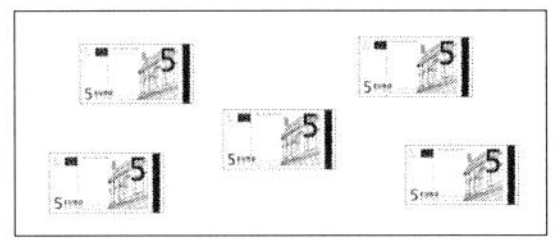

5 · 5 € = 25 €

7 · 10 € = 70 €

② Berechne und verbinde mit dem richtigen Ergebnis!

3 · 5 — 15
4 · 10 — 40
7 · 5 — 35
7 · 10 — 70
9 · 5 — 45
10 · 10 — 100

Ergebnisse: 70, 15, 100, 45, 40, 35

③ Berechne!

a) 0 · 5 = 0
8 · 10 = 80
5 · 5 = 25
6 · 5 = 30

b) 3 · 10 = 30
4 · 5 = 20
4 · 10 = 40
9 · 10 = 90

c) 8 · 5 = 40
1 · 10 = 10
2 · 5 = 10
0 · 10 = 0

46

43 Multiplikation mit 3, 6 und 9 (I)

Name:

① Schreibe als Malaufgabe und rechne.

8 · 3 = 24

6 · 3 = 18

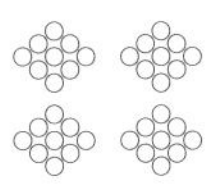

4 · 9 = 36

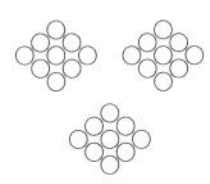

3 · 9 = 27

② Berechne!

a) 2 · 3 = 6
4 · 6 = 24
3 · 9 = 27
7 · 3 = 21

b) 6 · 9 = 54
0 · 6 = 0
7 · 9 = 63
0 · 9 = 0

c) 9 · 3 = 27
6 · 8 = 48
10 · 9 = 90
9 · 9 = 81

③ Tim hat beim Kegeln 5-mal alle Neune umgeworfen. Für jeden umgeworfenen Kegel gibt es einen Punkt. Wie viele Punkte bekommt Tim?

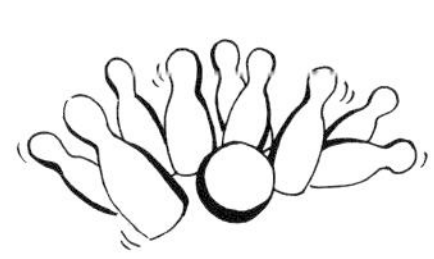

Rechnung: 5 · 9 = 45

Antwort: Tim bekommt 45 Punkte.

④ Lisa ist 9 Jahre alt und hat 7-mal hintereinander 6 Kegel umgeworfen. Wie viele Punkte bekommt sie insgesamt für die 7 Würfe?

Rechnung: 7 · 6 = 42

Antwort: Lisa bekommt 42 Punkte.

47

44 Multiplikation mit 3, 6 und 9 (II)

Name:

① Fülle aus!

·	2	5	8
3	6	15	24
6	12	30	48
9	18	45	72

·	4	7	10
3	12	21	30
6	24	42	60
9	36	63	90

·	3	0	9
3	9	0	27
6	18	0	54
9	27	0	81

② Ergänze die Zahl!

a) 2 · 6 = 12
6 · 3 = 18

b) 4 · 4 = 16
9 · 0 = 0

c) 6 · 6 = 36
9 · 11 = 99

③ Die Klasse 2b bestellt 6 Hamburger, 7 Schnitzel mit Pommes und 1 Steak mit Kartoffeln.
a) Wie viel Euro müssen jeweils für Hamburger, Schnitzel und Steak bezahlt werden?

Rechnung: 6 · 3 € = 18 €; 7 · 6 € = 42 €; 1 · 9 € = 9 €

Antwort: Für Hamburger müssen 18 €, für Schnitzel 42 € und für das Steak 9 € bezahlt werden.

b) Wie viel Euro muss der Lehrer insgesamt aus der Klassenkasse für das Essen bezahlen?

Rechnung: 18 € + 42 € + 9 € = 69 €

Antwort: Er muss insgesamt 69 € bezahlen.

48

45 Multiplikation mit 7

Name:

* ① **Schreibe als Malaufgabe und rechne!**

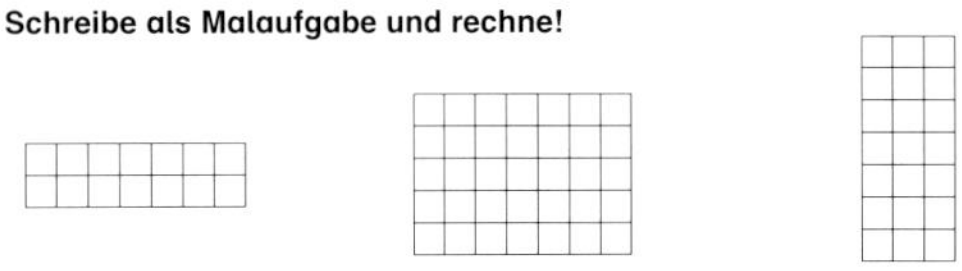

2 · 7 = 14 | 5 · 7 = 35 | 7 · 3 = 21

② **Berechne!**

a) 3 · 7 = 21
7 · 7 = 49

b) 0 · 7 = 0
10 · 7 = 70

c) 9 · 7 = 63
6 · 7 = 42

③ a) Eine Woche hat 7 Tage.
Wie viele Tage haben 2, 4 und 8 Wochen?

Rechnung: 2 · 7 = 14; 4 · 7 = 28; 8 · 7 = 56

Antwort: 2 Wochen (4 Wochen, 8 Wochen) haben 14 Tage (28 Tage, 56 Tage).

b) Julia war 21 Tage im Urlaub.
Wie viele Wochen sind das?

Rechnung: 3 · 7 = 21

Antwort: Das sind 3 Wochen.

c) Jan war 3 Wochen und 2 Tage im Urlaub.
Wie viele Tage war er insgesamt weg?

Rechnung: 3 · 7 + 2 = 21 + 2 = 23

Antwort: Jan war 23 Tage im Urlaub.

49

46 Vermischte Übungen zur Multiplikation

Name:

① **Berechne!**

·	3	4	7
2	6	8	14
5	15	20	35
8	24	32	56

·	5	0	9
1	5	0	9
6	30	0	54
9	45	0	81

·	4	8	9
5	20	40	45
7	28	56	63
3	12	24	27

② a) Paul hat für seine Eisenbahn
8 Waggons für je 6 Euro gekauft.

Rechnung: 8 · 6 € = 48 €

Antwort: Paul hat 48 € bezahlt.

b) Anna kauft 7 Waggons für je 7 Euro.

Rechnung: 7 · 7 € = 49 €

Antwort: Anna hat 49 € bezahlt.

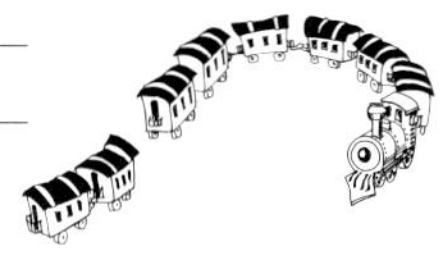

c) Maria bezahlt 40 Euro für 5 Waggons.

Rechnung: 5 · 8 € = 40 €

Antwort: Ein Waggon kostet 8 €.

③ Sebastian kauft 4 Bücher für 10 Euro, 2 Bücher für 8 Euro
und 3 Bücher für 6 Euro.
Wie viel Euro muss er insgesamt bezahlen?

Rechnung: 4 · 10 € + 2 · 8 € + 3 · 6 € = 40 € + 16 € + 18 € = 74 €

Antwort: Sebastian muss insgesamt 74 € bezahlen.

50

47 Monate, Tage, Wochen (I)

Name:

① **Schreibe die Monatsnamen an den Jahreskreis!**

Dezember, Januar, Februar, März, April, Mai, Juni, Juli, August, September, Oktober, November

② **Schreibe kürzer!** Beispiel: 3. April = 3.4.

27. August = 27.8. 3. Dezember = 3.12. 15. Februar = 15.2.

③ a) Wie viele Tage hat der Juni? 30

b) Wie viele Tage hat der Januar? 31

c) Notiere alle Monate, die 31 Tage haben. Januar, März, Mai, Juli, August, Oktober, Dezember

④ Lars wurde am 5.2.2000 geboren.
a) Steffi ist 4 Tage älter als Lars.
Wann wurde sie geboren?

Antwort: Sie wurde am 1.2.2000 geboren.

b) Tom ist 10 Tage älter als Lars.
Wann wurde er geboren?

Antwort: Er wurde am 26.1.2000 geboren.

51

48 Monate, Tage, Wochen (II)

Name:

* ① **Notiere das Datum in kurzer Form.**

a) heute: ___ b) in 4 Tagen: ___
morgen: ___ vor 3 Tagen: ___
gestern: ___ in 2 Monaten: ___

② **Sortiere von Jahresanfang bis Jahresende.**

14.05. | 27.08. | 29.01. | 26.07. | 01.11. | 26.12. | 28.02.

29.01.; 28.02.; 14.05.; 26.07.; 27.08.; 01.11.; 26.12.

③ **Rechne um!**

a) Wie viele Tage sind …?

3 Wochen: 21 5 Wochen: 35 8 Wochen: 56

b) Wie viele Wochen sind …?

14 Tage: 2 7 Tage: 1 28 Tage: 4

④ Diese Angaben findest du auf der Milchpackung.
Wie viele Tage ist die Milch mindestens haltbar?

Abgefüllt am: 14.05.2006

Mindestens haltbar bis: 10.06.2006

Antwort: Die Milch ist mindestens 27 Tage haltbar.

⑤ Heute ist Samstag, der 25.12.2005. Jonas hat in 10 Tagen Geburtstag.
Notiere das genaue Datum und den Wochentag des Geburtstages.

Antwort: 04.01.2006, Dienstag

52

Lösungen

49 Uhrzeit (I)

Name:

① **Wie spät ist es?**

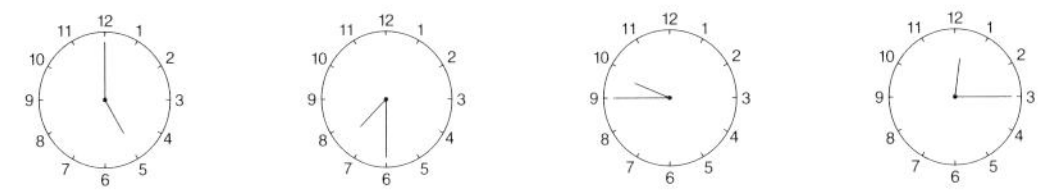

17 Uhr	7.30 Uhr	9.45 Uhr	12.15 Uhr
5 Uhr	19.30 Uhr	21.45 Uhr	0.15 Uhr

② **Zeichne die Uhrzeiger!**

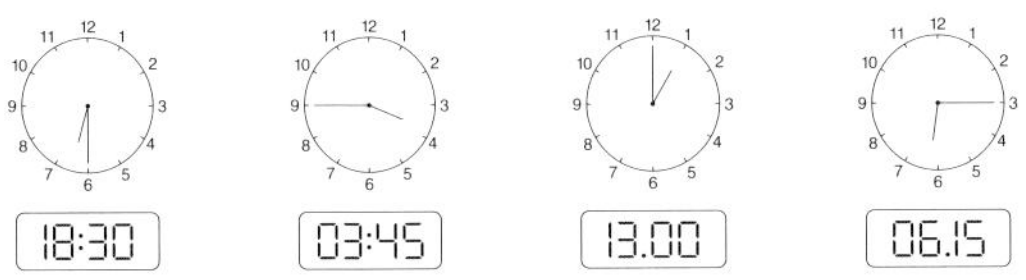

③ **Setze die Reihe fort!**

9.00 Uhr, 9.15 Uhr, 9.30 Uhr, 9.45 Uhr, 10.00 Uhr, 10.15 Uhr

11.00 Uhr, 12.00 Uhr, 13.00 Uhr, 14.00 Uhr, 15.00 Uhr, 16.00 Uhr

5.30 Uhr, 6.00 Uhr, 6.30 Uhr, 7.00 Uhr, 7.30 Uhr, 8.00 Uhr

④ **Wie viele Minuten fehlen noch bis zur nächsten vollen Stunde?**

17.30 Uhr → 30 min   2.15 Uhr → 45 min   6.45 Uhr → 15 min

⑤ In 2 Stunden und 15 Minuten fängt die Lieblingssendung von Peter an. Wann beginnt sie? Notiere die Uhrzeit (morgens)!

10.15 Uhr

53

50 Uhrzeit (II)

Name:

① **Wie viel Zeit ist vergangen?**

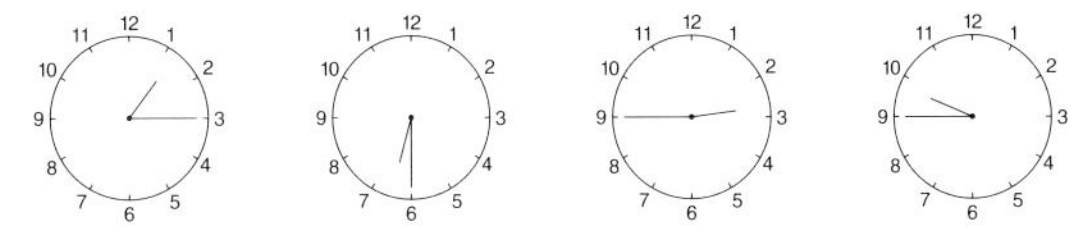

1.15 Uhr → 6.30 Uhr   2.45 Uhr → 9.45 Uhr

+ 5 Stunden 15 Minuten   + 7 Stunden 0 Minuten

② **Wandle in Minuten um!**

halbe Stunde = 30 min   Viertelstunde = 15 min

eine Stunde = 60 min   Dreiviertelstunde = 45 min

③ Es ist 8.30 Uhr.

a) Wie spät ist es ...?

15 Minuten später 8.45 Uhr

45 Minuten später 9.15 Uhr

30 Minuten später 9.00 Uhr

b) Wie spät war es ...?

30 Minuten früher 8.00 Uhr

15 Minuten früher 8.15 Uhr

45 Minuten früher 7.45 Uhr

④ Wie viele Stunden hat die Bibliothek täglich geöffnet?

Öffnungszeiten:
Montag bis Freitag
von 8.30 Uhr – 17.30 Uhr

Antwort: Die Bibliothek hat täglich 9 Stunden geöffnet.

54

51 Längen (I)

Name:

① **Miss die verschiedenen Streckenlängen und notiere!**

4 cm   5 cm   3 cm

1 cm   12 cm

② **Sortiere von kurz nach lang!**

Radiergummi | Mathebuch | Auto | Füller | Mäppchen

Radiergummi, Füller, Mäppchen, Mathebuch, Auto

③ **Berechne!**

a) 15 cm + 10 cm = 25 cm
84 cm + 16 cm = 100 cm
36 cm + 36 cm = 72 cm

b) 92 cm – 35 cm = 57 cm
43 cm – 26 cm = 17 cm
50 cm + 50 cm = 1 m

④ Von einem 1 Meter langen Stab wurden 30 cm abgesägt. Wie groß ist die restliche Stablänge?

Rechnung: 100 cm – 30 cm = 70 cm

Antwort: Die restliche Stablänge beträgt 70 cm.

⑤ Yannik hat für seine Eisenbahn 3 neue Schienen gekauft. Wie lang sind alle 3 Schienen zusammen, wenn eine Schiene 18 cm lang ist?

Rechnung: 3 · 18 cm = 54 cm

Antwort: Die 3 Schienen sind insgesamt 54 cm lang.

55

52 Längen (II)

Name:

① **Zeichne folgende Streckenlängen auf ein extra Blatt!**

7 cm   12 cm   28 cm   19 cm   2,5 cm

* ② **Nenne drei Gegenstände, die ungefähr 30 cm lang sind!**

langes Lineal, Mathebuch, Zeitschrift

③ Eine Spinne krabbelt um das gesamte Fenster. Wie viele cm ist sie insgesamt gekrabbelt? Löse durch Messen und Rechnen!

Rechnung: 3 cm + 7 cm + 3 cm + 7 cm = 20 cm

Antwort: Die Spinne ist insgesamt 20 cm gekrabbelt.

④ Welche Nägel kann man in die Schachtel legen? Miss die Länge der einzelnen Nägel und notiere die Länge.

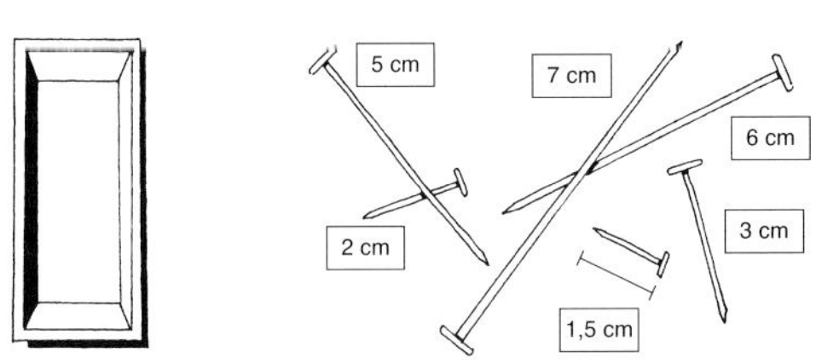

Antwort: In die Schachtel kann man die Nägel mit diesen Längen legen: 1,5 cm, 2 cm, 3 cm, 5 cm.

56

53 Geld (I)

Name:

① **Notiere von wenig bis viel.**

1 ct, 5 ct, 50 ct, 1 €, 5 €, 10 €, 50 €

② **Berechne!**

a) 15 € + 13 € = 28 €

89 ct – 15 ct = 74 ct

56 € + 25 € = 81 €

b) 46 ct + 35 ct = 81 ct

41 € – 27 € = 14 €

67 ct – 28 ct = 39 ct

* ③ Philipp bekommt einen Roller für 45 €. Seine Mutter zahlt den Betrag genau mit 5 Scheinen. Notiere die 5 Scheine als Plusaufgabe!

10 € + 10 € + 10 € + 10 € + 5 € = 45 €

④ **Wie viel Geld insgesamt?**

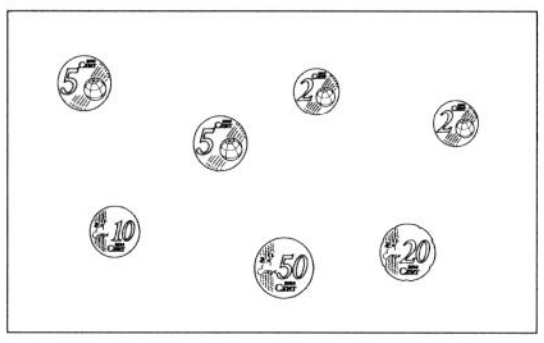

2 ct + 2 ct + 5 ct + 5 ct + 10 ct + 20 ct + 50 ct = 94 ct

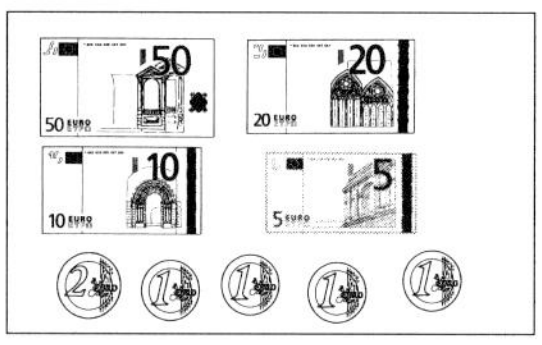

50 € + 20 € + 10 € + 5 € + 2 € + 1 € + 1 € + 1 € + 1 € = 91 €

57

54 Geld (II)

Name:

① **Welcher Preis gehört wozu? Ordne zu!**

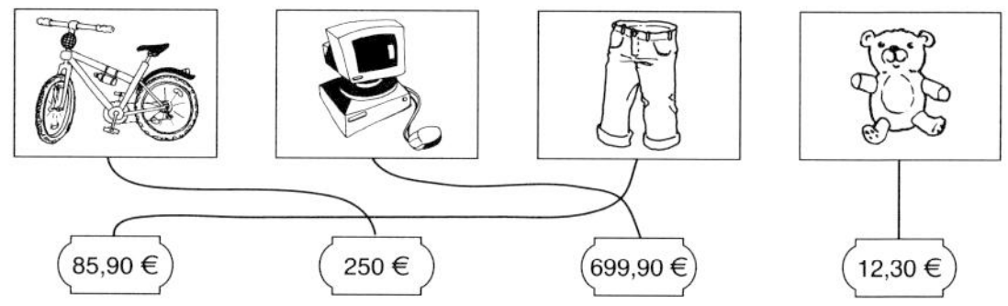

② Anna kauft mit ihrer Mutter ein. Wie viel Geld bekommen sie zurück?

a)

b)

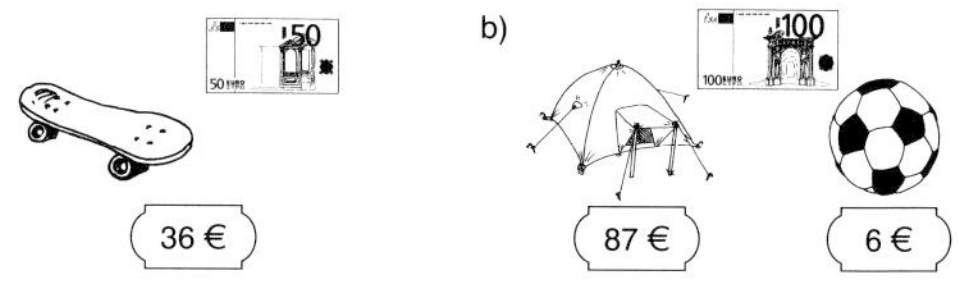

a) Rechnung: 50 € – 36 € = 14 €

Antwort: Sie bekommen 14 € zurück.

b) Rechnung: 100 € – 87 € – 6 € = 7 €

Antwort: Sie bekommen 7 € zurück.

③ Jennifer hat von ihren Großeltern 35 € und von ihrem Onkel 25 € zum Geburtstag bekommen. Sie möchte sich eine Musik-CD für 12 €, eine Hose für 40 € und ein Kartenspiel für 5 € davon kaufen. Wie viel Geld bleibt dann noch übrig?

Rechnung: 35 € + 25 € = 60 €; 60 € – 12 € – 40 € – 5 € = 3 €

Antwort: Es bleiben noch 3 € übrig.

* ④ Theresa kauft sich ein Telefon für 35 €. Sie zahlt mit Scheinen. Wie könnte Lisa genau bezahlen? Notiere mindestens drei Möglichkeiten als Plusaufgabe.

10 € + 10 € + 10 € + 5 €; 20 € + 10 € + 5 €;

20 € + 5 € + 5 € + 5 €; 10 € + 10 € + 5 € + 5 € + 5 €

58

55 Division (I)

Name:

① **Immer 4! Kreise ein.**

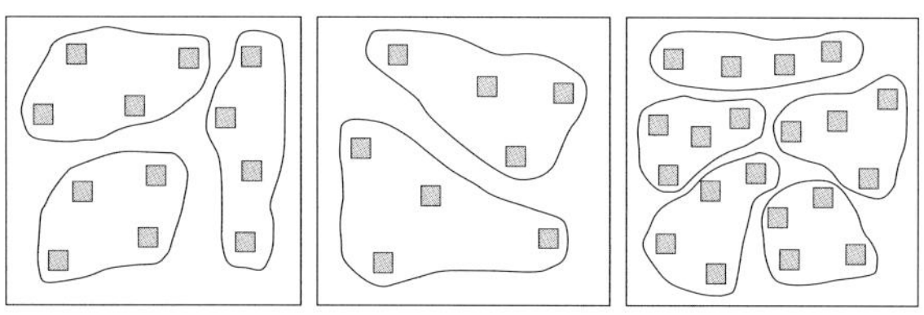

12 : 4 = 3   8 : 4 = 2   20 : 4 = 5

② **Berechne! Schreibe darunter auch die Umkehraufgabe.**

6 : 3 = 2	12 : 4 = 3	15 : 5 = 3	30 : 10 = 3
2 · 3 = 6	3 · 4 = 12	3 · 5 = 15	3 · 10 = 30

③ **Berechne!**

a)	b)	c)
12 : 2 = 6	9 : 3 = 3	21 : 7 = 3
30 : 6 = 5	40 : 5 = 8	24 : 3 = 8
18 : 2 = 9	24 : 4 = 6	50 : 10 = 5
14 : 1 = 14	18 : 3 = 6	0 : 5 = 0

④ Diese Kinder sollen sich 36 Bonbons teilen. Wie viele bekommt jedes?

Rechnung: 36 : 6 = 6

Antwort: Jedes Kind bekommt 6 Bonbons.

59

56 Division (II)

Name:

① **Halbiere!**

a)	b)	c)
10 = 5 + 5	14 = 7 + 7	26 = 13 + 13
42 = 21 + 21	60 = 30 + 30	84 = 42 + 42

② **Berechne!**

a)	b)	c)
20 : 5 = 4	70 : 10 = 7	35 : 5 = 7
4 · 5 = 20	7 · 10 = 70	7 · 5 = 35

③ **Schreibe zu a) und b) je eine Geteiltaufgabe und eine Malaufgabe und berechne!**

a)

⊙ 3 · 10 = 30

⊙ 30 : 10 = 3

b)

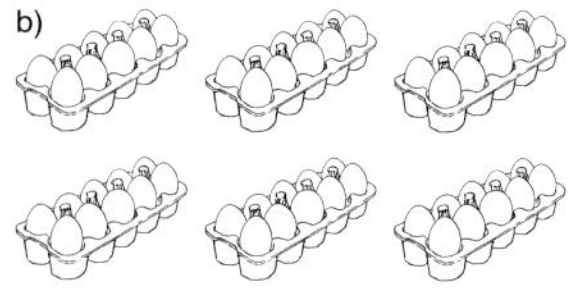

⊙ 6 · 10 = 60

⊙ 60 : 10 = 6

④ Wie viele gleich hohe Türme gibt es, wenn jeder Turm immer aus ...

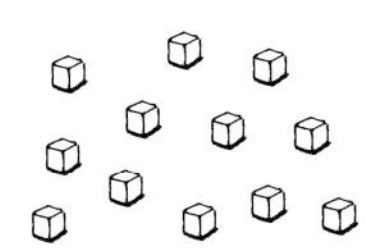

a) 2 Bauklötzen besteht? 6 Türme

b) 3 Bauklötzen besteht? 4 Türme

c) 6 Bauklötzen besteht? 2 Türme

60

Lösungen

57 **Division (III)**

Name:

① **Berechne!**

a) 10 : 2 = 5 b) 25 : 5 = 5 c) 28 : 7 = 4

32 : 8 = 4 60 : 20 = 3 30 : 5 = 6

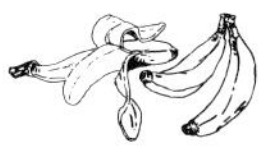

② 20 Bananen werden an 5 Kinder verteilt.
Wie viele Bananen bekommt jedes Kind?

Rechnung: 20 : 5 = 4

Antwort: Jedes Kind bekommt 4 Bananen.

③ Auf einem Bauernhof sind 36 Kükenbeine zu sehen.
Wie viele Küken sind es?

Rechnung: 36 : 2 = 18

Antwort: Es sind 18 Küken.

* ④ **Schreibe einen passenden Text zu der Aufgabe 20 : 4 und berechne!**

Text: Autohaus Wolter bekommt eine Lieferung mit 20 Reifen.

Auf wie viele Autos können diese Reifen verteilt werden?

Rechnung: 20 : 4 = 5

Antwort: Die Reifen können auf 5 Autos verteilt werden.

⑤ Oma Mariechen ist 5-mal älter als ihr Kätzchen.
Wie alt ist das Kätzchen, wenn die Oma 65 Jahre alt ist?

Rechnung: 65 : 5 = 13

Antwort: Das Kätzchen ist 13 Jahre alt.

61

58 **Division (IV)**

Name:

① **Bündle und berechne! Notiere auch den Rest!**

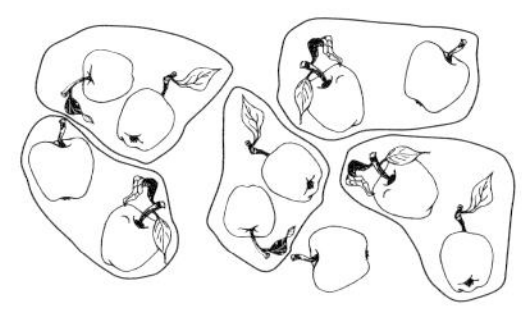 11 : 2 = 5 Rest 1	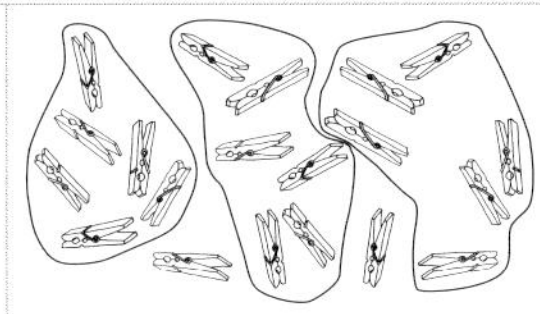 20 : 6 = 3 Rest 2
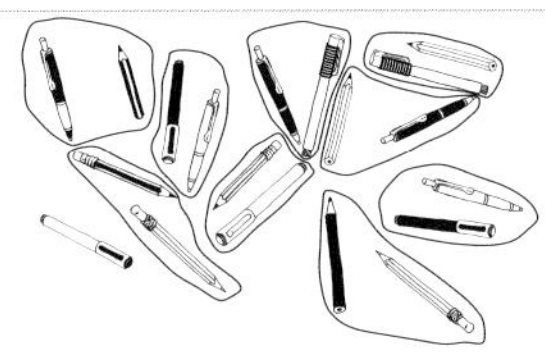 19 : 2 = 9 Rest 1	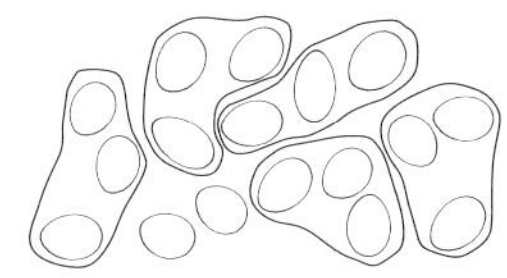 17 : 3 = 5 Rest 2

② **Berechne! Notiere auch den Rest!**

a) 14 : 4 = 3 Rest 2 b) 43 : 10 = 4 Rest 3

26 : 6 = 4 Rest 2 34 : 10 = 3 Rest 4

18 : 4 = 4 Rest 2 26 : 3 = 8 Rest 2

③ 33 Kirschen werden an 7 Kinder verteilt.
Wie viele Kirschen bekommt jedes Kind? Wie viele bleiben übrig?

Rechnung: 33 : 7 = 4 Rest 5

Antwort: Jedes Kind bekommt 4 Kirschen. 5 bleiben übrig.

62